自然语言处理技术与应用

许桂秋 柳贵东 朵云峰 ◎ 主 编
唐 鹏 周 敏 ◎ 副主编

人 民 邮 电 出 版 社
北 京

图书在版编目（CIP）数据

自然语言处理技术与应用 / 许桂秋，柳贵东，朵云峰主编. -- 北京 : 人民邮电出版社，2023.12
（人工智能技术与应用丛书）
ISBN 978-7-115-61263-2

Ⅰ. ①自… Ⅱ. ①许… ②柳… ③朵… Ⅲ. ①自然语言处理 Ⅳ. ①TP391

中国国家版本馆CIP数据核字(2023)第037216号

内 容 提 要

本书基于Python编程语言，以实战为导向，主要介绍中文自然语言处理的各种理论、方法及应用案例，帮助读者快速熟悉理论知识，理解相关技术原理，为读者选择自然语言处理相关的研究方向或从业领域提供参考。全书共分为两个部分：第一部分（第1～3章）是“基础篇”，侧重介绍自然语言处理的基础知识，并在相应的知识板块中设置实验案例；第二部分（第4～11章）是“技术及应用篇”，主要讲解自然语言处理核心技术的原理及实现方法，以及文本分类、特征提取、RNN等技术在自然语言处理中的应用。

本书适合作为人工智能相关课程的教材，也可作为人工智能的普及读物供广大读者自学或参考。

◆ 主　　编　许桂秋　柳贵东　朵云峰
副 主 编　唐　鹏　周　敏
责任编辑　张晓芬
责任印制　马振武
◆ 人民邮电出版社出版发行　　北京市丰台区成寿寺路11号
邮编　100164　　电子邮件　315@ptpress.com.cn
网址　https://www.ptpress.com.cn
固安县铭成印刷有限公司印刷
◆ 开本：775×1092　1/16
印张：13　　　　2023年12月第1版
字数：276千字　　　　2023年12月河北第1次印刷

定价：69.80元

读者服务热线：(010)81055493　印装质量热线：(010)81055316
反盗版热线：(010)81055315
广告经营许可证：京东市监广登字20170147号

前 言

人工智能作为新一轮科技革命和产业变革的重要驱动力，正在深刻改变世界。人工智能产品和服务在我们的生活中已经随处可见，例如搜索引擎、智能客服、智能语音助手、谷歌翻译等，为我们的生活或者工作带来了极大的便利。这些体现了自然语言处理技术的发展，自然语言处理技术是人工智能领域的一个重要发展方向。研究人与计算机用自然语言进行有效通信的各种理论和方法，能缩小人类交流（自然语言）与计算机理解（机器语言）之间的差距。

我们通过自然语言进行交流，能获取自然语言中包含的信息，因为人类大脑对这些信息进行了处理，即我们阅读并理解了它们。而计算机要阅读和理解自然语言就困难得多，远不如人们想象的那么简单。工业界估计，仅有21%的数据是以结构化的形式呈现的。数据由发微博、发消息等方式产生，主要以文本形式存在，而这种存在形式却是高度非结构化的。这些数据表达的信息很难直接被获取到，计算机既要阅读并理解它们的意义，又要以自然语言文本来表达给定的意图和思想，需要具备外在世界的广泛知识以及具备运用这些知识的能力。

用自然语言与计算机进行通信，虽然面临一些困难，但是自然语言处理技术一直在取得新的突破。例如，IBM公司的Waston在电视问答节目中战胜了人类冠军，苹果公司的Siri被大众广为使用，科大讯飞公司已经研发出高考机器人，等等。对自然语言处理技术的发展，有的人充满期待，希望自然语言处理技术能够给生活和工作带来更有意义的变革；有的人表示担心，害怕一些工作岗位会被机器人完全取代。尽管人们对自然语言处理技术的发展看法不一，但研究和学习自然语言处理本身仍然是充满魅力和挑战的。

本书基于Python编程语言，以实战为导向，主要介绍中文自然语言处理的各种理论、方法及应用案例。全书共分为两个部分。

第一部分（第 1～3 章）是“基础篇”，侧重介绍自然语言处理的理论基础知识，包括自然语言处理基础、Python 基础、语料库基础等内容，并在相应的知识板块中设置实验案例，帮助读者快速熟悉理论知识。

第二部分（第 4～11 章）是“技术及应用篇”，主要讲解 jieba 中文分词、关键词提取与词向量算法、句法分析等自然语言处理核心技术的原理及实现方法，以及文本分类、特征提取、RNN 等技术在自然语言处理中的应用。该部分内容实操性较强，设置了较多实验案例，建议读者根据讲解动手完成实验，以便更好地理解相关技术的原理。

由于编者水平有限，编写时间较为仓促，书中难免存在一些疏漏和不足之处，恳请广大读者批评指正。

为了便于教与学，本书提供教学大纲、PPT、书中案例源代码、习题答案。读者可以扫描并关注下方的“信通社区”二维码，回复数字“61263”，即可获得配套资源。

“信通社区”二维码

编者

2023 年 8 月

目录

第一部分 基础篇

第二部分　技术及应用篇

第一部分

基 础 篇

第 1 章 自然语言处理初探

随着互联网的普及和海量信息的涌现，作为人工智能领域发展中的一个重要方向，自然语言处理在人们的日常生活中扮演着越来越重要的角色，并将在科技创新的过程中发挥越来越重要的作用。

作为本书的开篇，本章不会介绍太深入的内容，而是普及一下自然语言处理的基本概念、发展历程、知识构成等基础知识，为读者打开通往自然语言处理的大门。因此，本章的内容对于读者来说相对轻松。

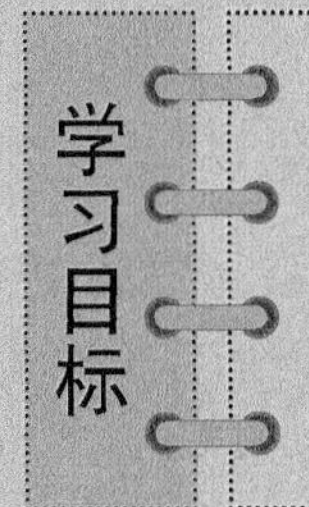

- 了解自然语言处理的概念。
- 了解自然语言处理的发展与应用。
- 了解自然语言处理的常用术语。

1.1 什么是自然语言处理

1.1.1 自然语言处理的概念

谈及自然语言处理（NLP），可能有些人不太了解，但是说到人机对话或者聊天机器人，想必或多或少有所了解，或者说很感兴趣。2017 年 10 月 26 日，沙特阿拉伯授予汉森机器人公司生产的机器人索菲亚公民身份。

以下为机器人索菲亚与人类的对话。

人类问："你这次是坐飞机来的吗？那你是坐人类的座位，还是坐货舱呢？"

索菲亚回答："这一路，我是在行李箱里休息的，虽然有点闷，但是挺舒服。"

看到这个对话，你可能会产生疑问，机器人是如何实现与人类对话的？接下来就简单探讨一下机器人的对话原理。

举个常见的例子：百度搜索。我们可以把百度搜索看作一个机器人，例如在百度中搜索"我是不是好人"，那么百度马上会给你列出一大堆答案。这与机器人的对话原理类似，因此可以把机器人的对话看作一个搜索引擎。百度搜索的设计原理是把最适合的答案排在最前面，所以机器人只要把第一个搜索结果读出来，就等于正确地回答了我们。机器人索菲亚的工作原理如图 1-1 所示。

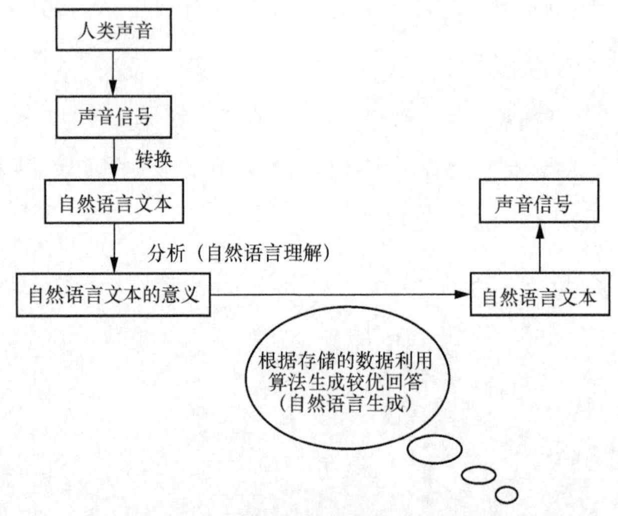

图 1-1　机器人索菲亚的工作原理

在图 1-1 中，机器人索菲亚需要的与语言相关的技术被统称为自然语言处理。这里的“自然语言”，其实就是我们日常生活中用于交流的语言（包括中英文的书面文字、音视频等），可以被定义为一组规则或符号的集合。“自然语言处理”则是对自然语言进行数字化处理的一种技术，将人类语言转换为计算机可识别的数字信息，从而达到“人机交互”的目的。

自然语言处理是人工智能领域和语言学领域交叉的分支学科，也是计算机科学领域和人工智能领域的一个重要研究方向。自然语言处理研究用计算机来处理、理解以及运用人类语言（如中文、英文、日文等），从而达到人与计算机的有效通信。

近些年，人们对自然语言处理的研究取得了长足的进步，自然语言处理逐渐发展成为一门独立的学科。自然语言处理大致可分为两部分：自然语言理解（NLU）和自然语言生成（NLG）。其中，自然语言理解又包含很多细分学科，具体如图 1-2 所示。

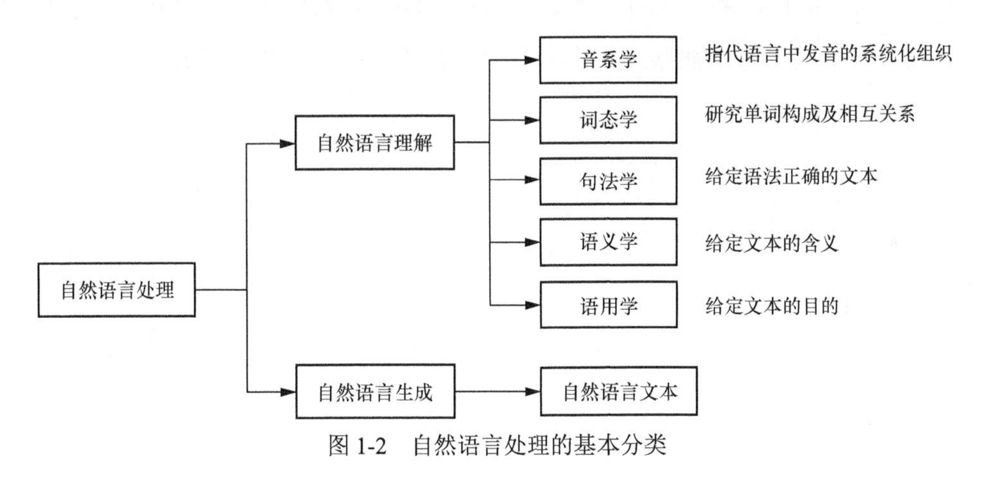

图 1-2 自然语言处理的基本分类

自然语言理解：使计算机理解自然语言（人类语言、文字等）。具体来说，就是理解语言、文本等，提取有用的信息，用于完成下游的任务。自然语言理解的形式可以是使自然语言结构化，如分词、词性标注、句法分析等；也可以是表征学习，用字、词、句子的向量表示，构建文本表示的文本分类；还可以是信息提取，如信息检索、信息抽取（命名实体提取、关系抽取、事件抽取等）。

自然语言生成：提供结构化的文字、图表、音频、视频等，生成人类可以理解的自然语言形式的文本。自然语言生成又可以分为三大类：文本到文本（如翻译、摘要等）、文本到其他（如文本生成图片）、其他到文本（如视频生成文本）。

结合自然语言理解和自然语言生成这两个核心技术，“人机交互”是可以实现的。除此之外，自然语言处理还可以被应用于很多领域。

1.1.2 自然语言处理的研究任务

自然语言处理的应用领域非常多，这里简单介绍几个比较热门的应用。

1. 机器翻译

机器翻译指计算机将一段文字从一种语言翻译成另一种语言，同时保持原意不变的过程。

在早期，机器翻译系统是基于词典和规则的系统，成功率较低。然而，基于神经网络领域的发展，海量数据的可用性的提高，机器翻译将文字从一种语言转换成另一种语言时变得相当精确。

如今，像 Google 翻译、百度翻译等工具可以很容易地将文字从一种语言转换成另一种语言。这些工具正在帮助许多人和企业打破语言障碍并取得成功。图 1-3 所示为 Google 的在线翻译页面。

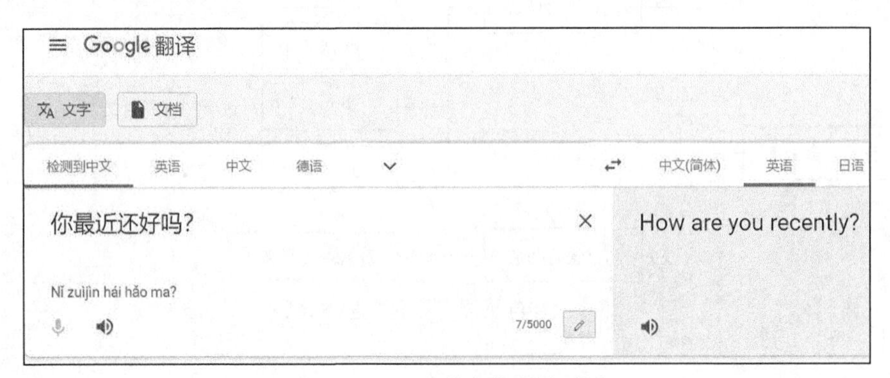

图 1-3　Google 的在线翻译页面

2. 情感分析

情感分析指计算机能够判断用户评论是否积极。

情感分析被应用于很多行业中，特别是电商、餐饮、旅游等行业。例如，如果某景点的网上评论全是乱、贵、服务不好等差评，那么谁还会去呢？因此很多景点开始购买评论情感分析相关服务，以达到差评不出景区、提高景点整体形象的目的。图 1-4 所示为百度 AI 情感分析系统的界面。

图 1-4　百度 AI 情感分析系统的界面

3. 智能问答

智能问答指计算机能够正确回答输入的问题。

对很多服务型公司特别是电商网站来说，客服服务质量和顾客体验感是非常重要的，它可以帮助企业改进产品，也可以提高顾客的满意度。但手动与每个顾客进行交互并解决问题可能是一项乏味的任务，那么智能问答就可以代替人工充当客服角色，回答很多基本且重复的问题。

4. 文本分类

文本分类指计算机采集各种文本进行主题分析，将文本分类为预定义的类别。垃圾邮件分类、新闻分类都是文本分类的应用案例。

5. 个性化推荐

随着信息技术和互联网的发展，以用户产生内容为主要特征的 Web 2.0 积累了大量的用户数据信息，包括社交信息、商品购买和评分评论信息、搜索信息。通过这些信息我们可以从各方面了解网络背后真实的用户，从而为每位用户提供定制化服务和个性化推荐。

推荐系统（RS）已经在很多领域得到了广泛的应用，其中最具代表性和应用前景的领域是电子商务。商品的线上化使多样化信息被保留下来，如评论、评分等，这些数据为推荐系统提供了坚实的基础。而随着电子商务规模的不断扩大、用户数量不断增长，用户对检索提出了更高的要求。

目前所说的推荐系统一般指个性化推荐系统。个性化推荐系统不需要根据用户明确的需求进行推荐，而是通过分析用户的历史行为，对用户的兴趣进行建模，从而主动推荐满足用户兴趣和需求的信息或商品等。一个好的个性化推荐系统不仅能为用户提供个性化的服务，而且能与用户建立密切的关系，使用户对推荐产生依赖。

1.2 自然语言处理的发展历程

总体来说，自然语言处理的发展历程大致可分为 4 个阶段，如图 1-5 所示。

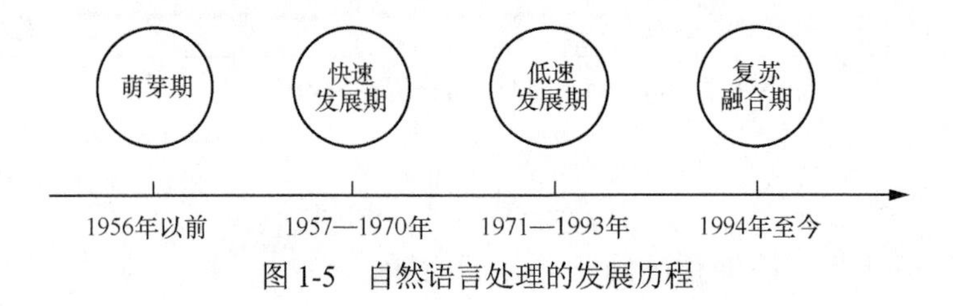

图 1-5　自然语言处理的发展历程

1．萌芽期（1956 年以前）

1956 年以前，自然语言处理处于基础研究阶段。一方面，人类文明经过了几千年的发展，积累了大量的数学、语言学和物理学知识，奠定了自然语言处理的理论基础。另一方面，艾伦·麦席森·图灵在 1936 年首次提出“图灵机”的概念。“图灵机”作为计算机的理论基础，促使了电子计算机的诞生，进而为机器翻译和自然语言处理提供了物质基础。

这一时期，机器翻译的社会需求，催生了很多对自然语言处理的基础研究。例如，1948 年，克劳德·艾尔伍德·香农把离散马尔可夫过程的概率模型应用于描述语言的自动机，把热力学中“熵”的概念引入语言处理的概率算法中；20 世纪 50 年代初，斯蒂芬·科尔·克莱尼研究了有限自动机和正则表达式；1956 年，艾弗拉姆·诺姆·乔姆斯基提出了上下文无关文法，并将其运用到自然语言处理中。他们的工作直接促进了基于规则和基于概率这两种不同的自然语言处理技术的产生。而这两种不同的自然语言处理技术，又引发了数十年有关基于规则方法和基于概率方法孰优孰劣的争论。

除了基础研究之外，这一时期人们对自然语言处理的研究还取得了一些瞩目的成果。例如，1946 年，科尼格进行了关于声谱的研究；1952 年，贝尔实验室对语音识别系统进行了研究；1956 年，人工智能的诞生为自然语言处理翻开了新的篇章。这些研究成果在后来的数十年中逐步与自然语言处理中的其他技术结合。这些结合既丰富了自然语言处理的技术手段，也拓宽了自然语言处理的社会应用面。

2. 快速发展期（1957—1970年）

自然语言处理在这一时期很快融入人工智能的研究领域。由于基于规则和基于概率这两种方法的存在，人们对自然语言处理的研究在这一时期分为两大阵营。一个是基于规则方法的符号派，另一个是基于概率方法的随机派。

这一时期，人们对两种方法的研究都取得了长足的发展。20世纪50年代中期到20世纪60年代中期，以乔姆斯基为代表的符号派学者开始了形式语言理论和生成句法的研究，20世纪60年代末他们又进行了形式逻辑系统的研究。而随机派学者采用基于贝叶斯方法的统计学研究方法，在这一时期也取得了很大的进步。但由于在人工智能领域中，这一时期多数学者注重研究推理和逻辑问题，只有少数来自统计学专业和电子专业的学者在研究基于概率的统计方法和神经网络，所以，在这一时期，基于规则方法的研究势头明显高于基于概率方法。

这一时期的重要研究成果包括宾夕法尼亚大学成功研制的TDAP系统，布朗语料库的建立等。1967年美国心理学家乌尔里克·奈塞尔提出认知心理学的概念，直接把自然语言处理与人类的认知联系起来。

3. 低速发展期（1971—1993年）

随着研究的深入，人们看到基于自然语言处理的应用并不能在短时间内实现，而一连串新问题又不断涌现。于是，许多人对自然语言处理的研究丧失了信心。20世纪70年代开始，自然语言处理的研究进入了低谷时期。

尽管如此，一些发达国家的研究人员依旧继续他们的研究。由于他们的出色工作，自然语言处理在这一低谷时期同样取得了一些成果。20世纪70年代，基于隐马尔可夫模型（HMM）的统计方法在语音识别领域获得成功。20世纪80年代初，话语分析也取得了重大进展。后来，自然语言处理研究者对过去的研究进行了反思，有限状态模型和经验主义研究方法也开始复苏。

4. 复苏融合期（1994年至今）

20世纪90年代中期以后，有两件事从根本上促进了自然语言处理研究的复苏与发展。一件事是20世纪90年代中期以后，计算机的运行速度和存储量大幅增加，为自然语言处理提供了物质基础，使语音和语言处理的商品化开发成为可能；另一件事是因特网商业化和同期网络技术的发展使基于自然语言的信息检索和信息抽取的需求变得更加突出。

1.3 自然语言处理相关知识的构成

为了更好地理解自然语言处理的概念，学习自然语言处理技术。这里简单介绍一下自然语言处理的一些基础术语和知识结构。

1.3.1 基础术语

1. 分词

分词的准确度直接决定了自然语言处理后续的词性标注、句法分析、词向量以及文本分析的质量。词是规模最小的、能够独立活动的、有意义的语言成分。英文单词之间以空格作为分界符，除了某些特定词外，如 how many，New York 等，大部分情况下不需要考虑分词问题；而中文以字为基本书写单位，天然缺少分隔符，需要读者自行分词和断句。因此，虽然中、英文同样存在分词的需求，但中文词语组合繁多，分词时很容易产生歧义。中文分词一直以来都是自然语言处理的一个重点，也是一个难点。

本书主要介绍针对中文的自然语言处理技术，后面的相关术语也主要从中文自然语言处理出发进行讲解。

2. 词性标注

词性标注在自然语言处理中也属于基础模块，为句法分析、信息抽取等工作打下基础。其中，词性一般指动词、名词、形容词、代词等，标注是为了表示词的一种隐藏状态。和分词一样，中文词性标注也存在较多难点，如一词多词性、处理未登录词等诸多问题。基于字符串匹配的词典查询算法和基于统计的词性标注算法，可以很好地解决这些问题。一般情况下，需要先将语句进行分词，再进行词性标注，如图 1-6 所示。

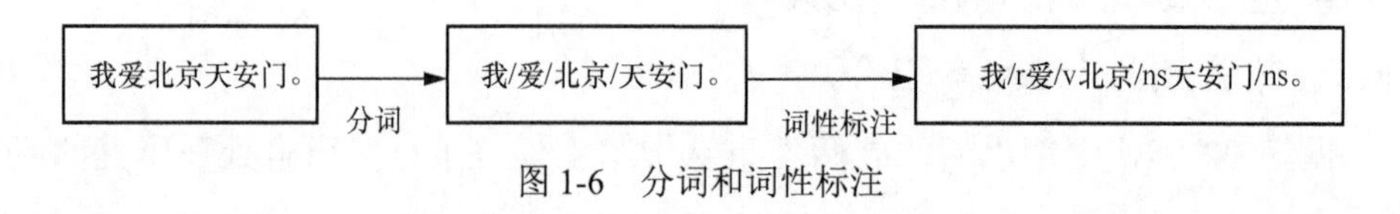

图 1-6　分词和词性标注

其中：

- 我/r 代表代词；
- 爱/v 代表动词；

- 北京/ns 和天安门/ns 代表名词；
- r、v、ns 都是标注。

3. 命名实体识别

命名实体识别（NER）是指从文本中识别具有特定类别的实体，例如人名、地名、专有名词等，是信息提取、问答系统、句法分析、机器翻译等应用中的重要基础，在自然语言处理技术走向实用化的过程中占有重要地位。

一般来说，命名实体识别的任务就是识别出待处理文本中的三大类和七小类。三大类包括实体类、时间类和数字类；七小类包括人名、组织机构名、地名、时间、日期、货币和百分比。

4. 句法分析

句法分析是自然语言处理中的关键技术之一。句法分析是对输入的文本句子进行分析以得到句子的句法结构，解析句子中各个成分之间的依赖关系。例如，“小明是小华的哥哥”和“小华是小明的哥哥”，虽然两句话的结构相同，但是句法分析出其中的主从关系是不同的。

对句法结构进行分析，一方面是为了满足语言理解的自身需求，另一方面也为其他自然语言处理任务提供支持。

5. 指代消解

指代消解是自然语言处理的一大任务，它是信息抽取中不可或缺的部分。在信息抽取过程中，用户关心的事件和实体间的语义关系经常散布于文本的不同位置，同一个实体可以有多种不同的表达方式。为了更准确且没有遗漏地从文本中抽取相关信息，必须先对文章中的指代现象进行消解。指代消解不但在信息抽取中起着重要的作用，而且在机器翻译、文本摘要和问答系统等应用中也极为关键。

例如，“指代消解是自然语言处理的一大任务，它是信息抽取中不可或缺的部分”，其中代词“它”指代的就是指代消解，但是我们一般不会再重复一次。

6. 情感识别

计算机对传感器采集的信号进行分析和处理，从而得出对方的情感状态，这种行为叫作情感识别。情感识别在本质上是分类问题。人类的情感一般分为两类：正面、负面，当然也可再加上中性类别。情感识别常被用于分析电商网站中用户对商品评价的好坏，便于商家及时发现并解决问题。

1.3.2 知识结构

自然语言处理作为一门综合学科，涉及的知识包括语言学、统计学、最优化理论、机器学习以及相关理论模型等。下面简单罗列其涉及的知识结构，如图 1-7 所示。

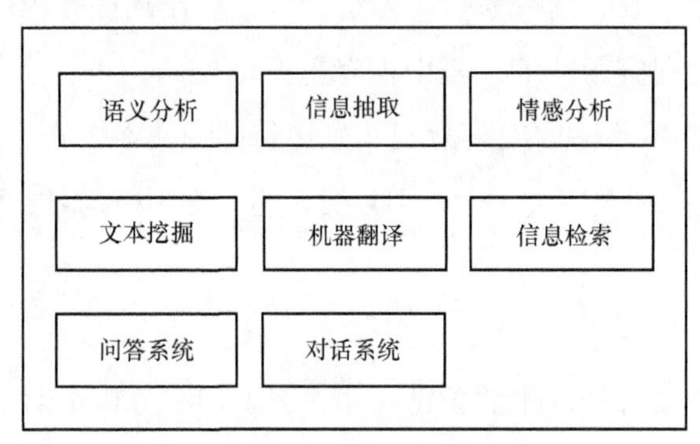

图 1-7 自然语言处理涉及的知识结构

图 1-7 所示的知识结构的说明如下。

语义分析：对目标语句进行分词、词性标注、命名实体识别与句法分析等操作，属于自然语言理解任务。

信息抽取：抽取目标文本的主要信息。例如从一条新闻中抽取关键信息：谁，于何时，为何，对谁，做了何事，产生了什么结果。信息抽取涉及命名实体识别、时间抽取、因果关系抽取等多项技术。

情感分析：抽取情感评论文本中有意义的信息单元，并提炼对情感分析有贡献的词或短语元素，进行归纳和推理。其结果对特征降维、提高系统性能有重要的作用。

文本挖掘：主要包括对目标文本集的聚类、分类、信息提取、情感分析等处理，以及对挖掘的信息的可视化、交互式展示。

机器翻译：将输入的语言文本转化为另一种语言文本的技术。根据输入数据类型的不同，机器翻译可细分为文本翻译、语音翻译、手语翻译、图形翻译等。

信息检索：从大规模的文档中获取最符合规则或者需求的信息。可以根据具体场景简单对文档中的词汇赋以不同的权重来建立索引（也可用算法模型来建立索引）。查询信息时，首先对输入进行分析，然后在索引中查找匹配的候选文档，根据具体排序机制对候选文档排序，输出得分最高的文档。

问答系统：是信息检索系统的一种高级形式，能用准确、简洁的自然语言回答用户提出的问题。系统首先需要对查询语句进行语义分析，形成逻辑表达式，然后到知识库匹配可能的答案并通过具体排序机制找到最佳答案。

对话系统：机器完成和用户聊天、回答问题等工作的系统，涉及用户意图理解、通用聊天引擎、问答引擎、对话管理等技术。同时，为了体现上下文相关系统，对话系统还应具备对轮对话能力。为了体现系统个性化，对话系统还需基于用户画像进行个性化回复。

【注意】本书的开发语言为 Python，因此读者需掌握 Python 基础知识。

1.4 探讨自然语言处理的层面

自然语言处理技术的层次划分方式很多，本书探讨的自然语言处理技术大致被划分为以下 2 个层面。

1．词法分析

词法分析包括分词、词性标注、命名实体识别和词义消歧等。其中分词、词性标注和命名实体识别好理解，前文已简单介绍过。词义消歧是根据句子的上下文语境来判断每一个或某些词语的真实意思。

2．句法分析

句法分析是将输入的文本以句子为单位进行分析，使句子从序列形式变成树状结构，从而捕捉到句子内部词语之间的搭配或者修饰关系。这是自然语言处理中关键的一个层面，是对语言进行深层次理解的基石。句法分析一方面可以帮助理解句子含义，另一方面也可以为更高级的自然语言处理任务（如机器翻译、情感分析等）提供支持。

如图 1-8 所示，研究界存在 3 种主流的句法分析方法。

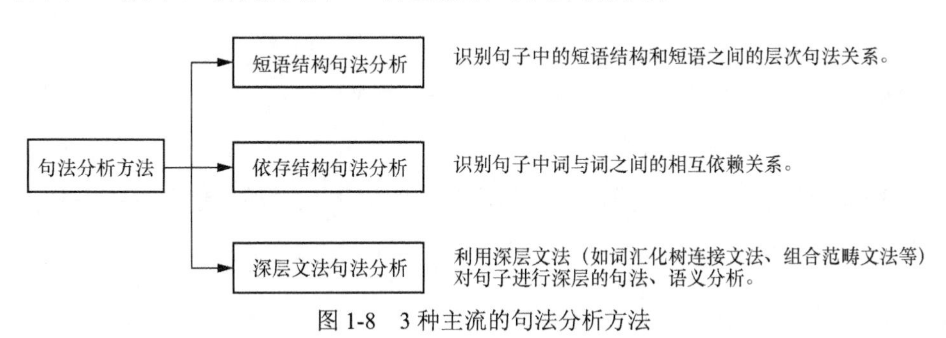

图 1-8　3 种主流的句法分析方法

其中，依存结构句法分析属于浅层句法分析，实现过程相对简单且适合在多语言环境下使用，但是能提供的信息也相对较少。依存结构句法分析的语法表示形式简洁，易于理解和标注，可以很容易地表示词语之间的语义关系，例如句子成分之间可以构成施事、受事、时间等关系。这种语义关系可以被很方便地应用于语义分析和信息抽取等方面。深层文法句法分析可以提供丰富的语法和语义信息，但采用的文法相对复杂，不太适合处理大规模数据。短语结构句法分析介于两者之间。

句法分析得到的句法结构可以帮助实现上层的语义分析和一些应用，例如机器翻译、问答、文本挖掘、信息检索等。

具体层面的相关技术，将在本书后面内容进行详细介绍。

1.5 自然语言处理与人工智能

自然语言处理是计算机领域和人工智能领域的一大分支，推动着语言智能的持续发展和突破，并越来越多地被应用于各个行业。人工智能自 1956 年在达特茅斯会议上被提出后，先后经历 3 次浪潮。20 世纪 70 年代第一次浪潮由于受限于当时计算机算力不足且没有资金支持而消退，人工智能进入沉寂；1990 年人工智能迎来第二次浪潮，但随着自称能自主学习的第五代计算机研究的失败，人工智能再次沉寂；2008 年左右，深度学习引领人工智能进入第三次浪潮。自此，广大研究者们也开始将深度学习算法引入自然语言处理领域，特别是在机器翻译、问答系统等方面获得巨大成就。

自然语言处理之所以能取得巨大成功，大致可归结为以下两点。

① 海量的数据。随着互联网行业的不断发展，存储技术得到极大的提升，很多应用积累了大量的数据，可用于以卷积神经网络（CNN）、循环神经网络（RNN）为代表的深度模型的学习。这些复杂的模型可以更好地贴近数据的本质特征，提升预测效果。

② 深度学习算法的革新。一方面，深度学习的 word2vec（词向量）算法的问世，使我们可以将词表示为更加低维的向量空间，相对于 one-hot，既缩小了语义鸿沟又降低了输入特征的维度。另一方面，深度学习模型的运用很灵活，使以前很多任务（如机器翻译）可以使用端到端方式完成，这样就可以在一定程度上减少模块间传递信息的误差。

深度学习在自然语言处理中取得巨大成绩，其间也伴随着很多挑战。首先，除常见的文本之外，由于语音和图像属于自然信号，而自然语言是人类知识的抽象浓缩表示，所以意味着深度学习并不能解决自然语言处理的所有问题。其次，人类的表达本来就受到很多背景知识的影响（例如下文会受到上文内容的影响），系统真正获取的自然语言有时会非常简洁，文本携带的信息有一定局限性，那么在进行自然语言处理时，势必会遇到很多困难。

自然语言处理在过去的几十年不断发展，在很多领域都取得了巨大的成就。随着数据的积累，云计算、芯片技术和人工智能的发展，相信自然语言处理势必越来越智能化。另外，随着人工智能各分支领域的研究细化，每个研究方向也越来越难有跨越式发展。因此，跨领域研究整合将会是人工智能发展的方向。例如：自然语言处理整合听觉、视觉，便是人工智能领域的语音识别和图像识别。

1.5.1 智慧医疗

智慧医疗的产生可以追溯到医疗信息化的开始。智慧医疗涉及信息技术、人工智能、传感器技术等多个学科，是对传统医疗的系统化改造，而非单纯对就诊流程的优化。智慧医疗产生的一个重要标志是，数据成为重要的医疗资源，由监测设备提取的健康数据，经对比分析可实现对人体健康状况的预判。在医疗中，人工智能主要被应用于智能诊疗、医疗机器人和健康管理等方向。

智慧医疗是信息技术深度融合医疗领域的产物，智慧医疗的发展并不是为了取代医生，而是为了更好地体现以人为本，同时推动医学研究快速发展，提高医疗各个环节的质量和效率。

1.5.2 智慧司法

智慧司法是在法律大数据的基础上，应用人工智能、自然语言处理、数据挖掘等前沿技术，建设信息化、智能化司法体系，提高司法人员立案、侦查、审判、送达等案件处理环节的效率，同时降低民众接受法律服务的门槛。在司法判决过程中，人工智能主要被应用在预测判决、司法文书生成、司法要素提取、司法类案匹配等方面。

智慧司法的工作原理是利用计算机算法实现预测判决、司法文书生成等，从某种意义上说，就是创造了一位虚拟法官。虽然我们不能完全信任这位虚拟法官，但是其判决结果可以为真实法官提供参考，进而辅助真实法官进行各种案件的判决。

1.5.3 智慧金融

智慧金融以智能科技与金融行业深度融合为特征，依托大数据、云计算和人工智能技术，全面赋能金融机构，提升金融机构的服务效率。大数据技术为智慧金融提供了最基本的数据保障；云计算技术为智慧金融提供了算力保障；人工智能技术则不同程度地渗透金融行业，成为加速智慧金融发展的重要驱动力。智慧金融能准确及时地响应不同客户的不同金融需求，以客户为中心，拓宽了金融服务的广度，实现金融服务的个性化、智能化和定制化。在智慧金融领域中，人工智能主要被应用在智能投顾、智能研报、智能客服等方面。

随着人工智能等相关技术的发展，金融机构的服务模式产生了巨大的革新，触及的群体和服务的范围更广。例如，在上千万条数据信息中洞察不良信贷风险和营销机遇，在日夜不停滚动的图片、视频和用户评论等异构数据中及时发现金融行业的关键点。这些新技术都促进了金融行业高服务与低成本的运作，增加了广大客户群体和全社会的利益，提高用户满意度。

1.6 本章小结

本章系统讲解了自然语言处理的基本概念、发展历程、知识构成等内容，并介绍了自然语言处理与人工智能的关联，为读者打开通往自然语言处理的大门。

第2章

使用 Python 进行自然语言基础处理

本章为读者介绍的正则表达式和 NumPy 等均是自然语言处理的有效工具，正确使用这些技术和算法是高效实现自然语言处理的前提。

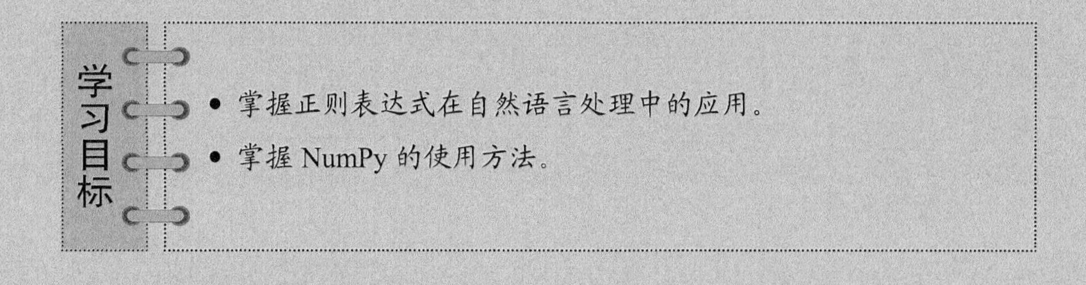

- 掌握正则表达式在自然语言处理中的应用。
- 掌握 NumPy 的使用方法。

2.1 正则表达式在自然语言处理中的基本应用

正则表达式是一种特征序列，可以用于定义某种搜索模式，其主要功能是按照模式进行字符串的匹配，或者字符的模式匹配。近几年，伴随着互联网的迅猛发展以及计算机的迅速普及，海量的信息均以电子文档的形式呈现在人们眼前。一般情况下，自然语言处理所需语料的来源分为两部分，其中一部分来自对 Web 网页的信息抽取，另一部分则来自文本格式的电子文档。Web 网页具有较强的开发价值，具备信息量大、价值高、时效性强以及结构稳定等特点；而文本格式的电子文档通常来自系统生成或者人工撰写，也就意味着可能包含大量的结构化、半结构化以及非结构化等多种形式的文本。而使用正则表达式可以将这些电子文档的内容从非结构化形式转换为结构化形式，以便进行后续的文本挖掘等工作。

除了形式上的转换，正则表达式还有另一个用途——去除“噪声”。“噪声”指的是在进行大批量的文本片段处理时，有非常多与最终输出文本没有关系的文字信息（如标点符号、语气助词以及网址等）。

在众多自然语言处理的手段中，正则表达式是最基本的，也是比较好用的手段之一。学习并且熟练地掌握正则表达式在 Python 编程中的应用，可以帮助我们在格式较为复杂的文本中抽取所需的文本信息。例如，抽取以下文本中的年份信息时，由于每一行时间信息的格式不同，因此使用 Python 提供的字符串抽取的方法来提取年份信息往往不能适用全部文本，此时可以考虑使用正则表达式的方式来处理。

```
-"May 15,2019"
-"20/12/2020"
-"Spring 2020"
```

2.1.1 匹配字符串

在 Python 程序设计中，正则表达式是通过 re 模块来实现的。为了能让大家更好地理解 Python 中正则表达式的使用方法，在接下来的讲解中我们会通过一系列具体的实例来说明。

各个实例会用到 re 模块中的一个方法——re.search(regex, string)。该方法用于检查字符串 string 中是否存在正则表达式 regex，如果存在并且成功匹配，则表达式会返回一个 match 对象，否则表达式返回 None。

以下为一段文字信息，句子与句子之间均以句号分开。具体的文本信息如下。

```
在自然语言处理中，情感分析是分析一段文字表达的情绪状态。其中，一段文字可以是一个句子、一个段落或者一个文档。情绪状态可以划分为两类，例如正面、负面，喜悦、忧伤；也可以划分为三类，例如积极、中性、消极等。情感分析被应用在大量的在线服务中：电子商务，如淘宝、京东；公共服务，如携程、去哪儿网；电影评价，如豆瓣。
```

例 1：使用正则表达式提取含有“情感”这个关键词的句子。

对字符串进行遍历并且查找包含“情感”这个关键词的语句。Python 代码的实现如下。

```
import re
text_string="在自然语言处理中，情感分析是分析一段文字表达的情绪状态。其中，一段文字可以是一个句子、一个段落或者一个文档。情绪状态可以划分为两类，例如正面、负面，喜悦、忧伤；也可以划分为三类，例如积极、中性、消极等。情感分析被应用在大量的在线服务中：电子商务，如淘宝、京东；公共服务，如携程、去哪儿网；电影评价，如豆瓣。"
regex="情感"
p_string=text_string.split('。') #以句号为分隔符通过 spilt 切分
for line in p_string:
    if re.search(regex,line) is not None: #search()方法用于查找匹配当前行是否匹配这个regex，返回的是一个 match 对象
        print(line)#如果匹配到，打印这行信息
```

以上 Python 代码运行后输出的最终效果如下。

```
在自然语言处理中，情感分析是分析一段文字表达的情绪状态。
情感分析被应用在大量的在线服务中：电子商务，如淘宝、京东；公共服务，如携程、去哪儿网；电影评价，如豆瓣。
```

例 2：使用正则表达式匹配任意一个字符。

正则表达式保留了一些特殊的符号来帮助我们处理一些常见的逻辑。表 2-1 所示是匹配任意一个字符的符号，表 2-2 所示是为了便于理解举的例子。

表 2-1　匹配任意一个字符的符号

符号	含义
.	匹配任意一个字符

表 2-2 匹配任意一个字符的例子

正则表达式	可以匹配的例子	不能匹配的例子
"a.c"	"abc","branch"	"add","crash"
"..t"	"bat","oat"	"it","table"

[注意]"."代表任意的单个字符（除换行外）。

下面的例子是查找“情”字与任意一个字组成的关键词所在的句子。

```
import re
text_string ="在自然语言处理中，情感分析是分析一段文字表达的情绪状态。其中，一段文字可以是一个句子、一个段落或者一个文档。情绪状态可以划分为两类，例如正面、负面，喜悦、忧伤；也可以划分为三类，例如积极、中性、消极等。情感分析被应用在大量的在线服务中：电子商务，如淘宝、京东；公共服务，如携程、去哪儿网；电影评价，如豆瓣。"
regex="情."
p_string=text_string.split('。') #以句号为分隔符通过 split 切分
for line in p_string:
if re.search(regex,line)is not None: #search()方法用于查找匹配当前行是否匹配这个 regex，返回的是一个 match 对象
        print(line)#a 如果匹配到，打印这行信息
```

上述 Python 代码变化较小，仅仅需要将例 1 代码当中的 re.search(regex, string)方法进行简单的修改，而修改的也仅仅是 re.search(regex, string)方法的参数 regex，由原来的“情感”修改为“情.”即可。对代码进行略微的修改会发现匹配到的文本信息比之前多了一行数据。原因是不仅匹配到了“情感”，也匹配到了“情绪”。其最终的输出效果如下。

```
在自然语言处理中，情感分析是分析一段文字表达的情绪状态。
情绪状态可以划分为两类，例如正面、负面，喜悦、忧伤；也可以划分为三类，例如积极、中性、消极等。
情感分析被应用在大量的在线服务中：电子商务，如淘宝、京东；公共服务，如携程、去哪儿网；电影评价，如豆瓣。
```

例 3：使用正则表达式匹配开始字符串和结尾字符串。

下面介绍另一个特殊的符号，其具体的功能见表 2-3。

表 2-3 匹配开始字符串与结尾字符串的符号及其含义

符号	含义
^	匹配开始字符串
$	匹配结尾字符串

为了便于理解，对表 2-3 中的内容进行以下解释。

- “^a”表示的是匹配所有以字母 a 作为开头的字符串。
- “a$”表示的是匹配所有以字母 a 作为结尾的字符串。

接下来以上述字符串为例，具体演示如何查找以“情感”这两个字作为开头的句子。其 Python 代码如下。

```
import re
text_string="在自然语言处理中，情感分析是分析一段文字表达的情绪状态。其中，一段文字可以是一个句子、一个段落或者一个文档。情绪状态可以划分为两类，例如正面、负面，喜悦、忧伤；也可以划分为三类，例如积极、中性、消极等。情感分析被应用在大量的在线服务中：电子商务，如淘宝、京东；公共服务，如携程、去哪儿网；电影评价，如豆瓣。"
regex="^情感"
p_string=text_string.split('。')
for line in p_string:
    if re.search(regex,line) is not None:
        print(line)
```

输出结果如下。

```
情感分析被应用在大量的在线服务中：电子商务，如淘宝、京东；公共服务，如携程、去哪儿网；电影评价，如豆瓣。
```

例 4：使用正则表达式匹配多个字符。

下面对另外一个特殊的符号[]进行介绍，其具体的功能见表 2-4。

表 2-4　匹配多个字符的符号及其含义

符号	含义
[]	匹配多个字符

为了便于读者理解表 2-4，下面举例进行解释说明。

```
"[bcr]at"表示的是匹配"bat""cat"以及"rat"。
```

需要处理的文字信息如下，句子与句子之间使用句号作为分隔。

```
[重要的]隆重举行庆祝第 36 个教师节大会暨表彰大会。
辽宁科技学院举行“弘扬抗疫精神 立志成才报国”主题升旗仪式。
[紧要的]各大高校召开 2020 年秋季教学工作会议。
```

需要实现的功能是，提取以“[重要的]”或者“[紧要的]”为开头的新闻标题。具体实现的 Python 代码如下。

```
import re
text_string=["[重要的]隆重举行庆祝第 36 个教师节大会暨表彰大会","辽宁科技学院举行“弘扬抗疫精神 立志成才报国”主题升旗仪式。","[紧要的]各大高校召开 2020 年秋季教学工作会议"]
regex="^\[[重紧]..\]"
for line in text_string:
    if re.search(regex,line)is not None:
        print(line)
    else:
        print("not match")
```

以上代码实现的内容：数据集会发现部分新闻标题以“[重要的]”或者“[紧要的]”作为开头，故需要添加表示起始的特殊符号“^”，之后由于“[重要的]”或者“[紧要的]”中不同的项为“重”或者“紧”，所以需要使用“[]”进行多个字符的匹配，随后的“..”表示的是跟随其后的两个任意的字符。故上述代码运行之后，能正确地提取所需的新闻标题，其效果如下。

```
[重要的]隆重举行庆祝第 36 个教师节大会暨表彰大会
not match
[紧要的]各大高校召开 2020 年秋季教学工作会议
```

2.1.2 使用转义符

以上 Python 代码，用到了转义符“\”，原因是“[]”在正则表达式中是特殊的符号。

与其他的编程语言一样，“\”在正则表达式中作为转义字符，有产生反斜杠歧义的可能。假设需要对文本中的字符“\”进行匹配，那么使用计算机语言完成正则表达式的表示则需要 4 个反斜杠“\\\\”，前两个反斜杠用于在计算机语言中转义成反斜杠，转换成两个反斜杠之后再使用正则表达式转换成一个反斜杠。而在 Python 中存在的原生字符串具备解决该问题的能力，例如上述例子中的正则表达式可以使用 r“\\”表示。同理，r“\d”表示匹配一个数字。Python 原生字符串的存在可以解决很多问题，例如检查是否漏写了反斜杠以及查看反斜杠是否匹配，表达式的书写也比较直观。

为了更便于理解，下面举个具体的实例进行说明。

```
import re
if re.search("\\\\","you are b\eautiful")is not None:
```

```
    print("match it")
else:
    print("not match")
```

上述代码的运行效果如下。

```
match it
```

上面的实例，使用正则表达式可以实现对字符串“you are b\eautiful”中的反斜杠进行匹配。Python 提供了更为简洁的代码书写方式。

```
import re
if re.search(r"\\","you are b\eautiful")is not None:
    print("match it")
else:
    print("not match")
```

在之前的代码中添加一个 r（删除 2 个反斜杠），实现了同样的功能，也不需要检查是否漏写了反斜杠，其运行的结果同上。

2.1.3　抽取文本中的数字

1. 通过正则表达式匹配年份

“[0-9]”表示从 0 到 9 的所有数字，同理，“[a-z]”表示从 a 到 z 的所有小写字母。接下来通过一个实例来具体介绍如何使用正则表达式匹配年份数据。

需要定义一个列表，将列表赋值于一个变量 strings，匹配年份的范围是 1000～2999。具体的实现代码如下。

```
import re
year_strings=[]
strings=['October 2, 2018','On May 2, 2020, I was awarded the Best Individual Award',
        '342 students chose to take the postgraduate entrance examination this
year']
for string in strings:
    if re.search('[1-2][0-9]{3}',string): #字符串有英文有数字，匹配其中的数字部分，并且是
        # 1000~2999，{3}代表的是重复之前的[0-9]3 次，是[0-9][0-9][0-9]的简化写法
        year_strings.append(string)
print(year_strings)
```

上述代码的运行效果如下。

```
['October 2, 2018', 'On May 2, 2020, I was awarded the Best Individual Award']
```

2. 抽取所有的年份

在 Python 的模块 re 中还有另外一个方法 findall()，该方法的功能是返回所有与正则表达式匹配的部分字符串。例如，re.findall("[a-z]"，"ksh468")返回的结果是["k"，"s"，"h"]。

首先，需要定义一个字符串 years_string，其具体内容为“I got a bachelor's degree in 2008, and I graduated with a master's degree in 2011 !”。以该字符串为例使用正则表达式实现所有年份数据的抽取操作，具体的 Python 代码如下。

```
import re
years_string="I got a bachelor's degree in 2008, and I graduated with a master's
degree in 2011!"
years=re.findall("[2][0-9]{3}",years_string)
print(years)
```

运行效果如下。

```
['2008', '2011']
```

2.2 NumPy 的使用详解

NumPy 的全称是 Numerical Python，作为高性能的数据分析以及科学计算的基础包，提供了矩阵科学计算的相关功能。NumPy 提供的功能如下。

① 数组数据快速进行标准科学计算的相关功能。

② 有用的线性代数、高等数学、数理统计的相关功能。

③ ndarray 是一个具有向量算术运算和复杂广播能力的多维数组对象。

④ 用于读写磁盘数据的工具以及用于操作内存映射文件的工具。

⑤ 用于集成 Fortran 以及 C/C++代码的工具。

【注意】上述提及的“广播”可以被理解为当存在两个不同维度的数组进行科学运算时，NumPy 运算时需要相同的结构，可以将低维的数组复制成高维数组参与运算。

除了提供矩阵科学计算的相关功能外，NumPy 也可以作为通用数据的高效多维容器器，定义任何数据类型。这些功能使 NumPy 能够更快速、无缝地与各种数据库集成。

在进行自然语言的相关处理之前，需要将文字（中文或其他语言）转换为计算机易于理解、易于识别的向量，即把对文本内容的处理简化为向量空间中的向量运算。基于向量运算，我们就可以实现文本语义相似度计算、特征提取、情感分析、文本分类等功能。

2.2.1　创建数组

ndarray 作为 NumPy 中最核心的数据结构，代表的是多维数组（数组指的是数据的集合）。为了方便理解，我们来举一个例子。

假设存在一个班级，班级里所有学生的学号可以通过一个一维数组 A 来表示：数组 A 中的数据是数值类型的，分别是 20152011、20152012、20152013、20152014，见表 2-5。

表 2-5　数组 A 中的数据

索引	学号
0	20152011
1	20152012
2	20152013
3	20152014

其中 A[0]代表的是第一个学生的学号 20152011，A[1]代表的是第二个学生的学号 20152012，以此类推。

班级里学生的学号和姓名，可以用二维数组 B 表示，见表 2-6。

表 2-6　数组 B 中的数据

学号	姓名
20152011	Jill
20152012	Amy
20152013	Ada
20152014	Lucy

同理，在二维数组 B 中，B[0,0]代表的是 20152011（学号），B[0,1]代表的是 Jill（学号为 20152011 的学生的名字）。以此类推，B[1,0]代表的是 20152012（学号）。

按照线性代数的说法，一维数组通常称为向量，二维数组通常称为矩阵。

接下来可以编写一小段代码以便简单地对 Anaconda 以及 NumPy 进行测试验证。

① 在 Anaconda 中输入以下语句并运行，如果没有出现任何报错信息，就说明 Anaconda 和 NumPy 是正常安装并配置的。

```
import numpy as np
```

以上 Python 语句的解释：使用 import 关键词将 NumPy 库导入以便后续使用；为了后续编写代码时能够方便引用，通过 as 为 NumPy 取一个别名 np。

② 使用 NumPy 库中的 array()方法，可以实现向量的直接导入。

```
vector=np.array([20152011,20152012,20152013,20152014])
```

③ 使用 array()方法，也可以实现矩阵的直接导入。

```
matrix=np.array([[20152011,'Jill'],[20152012,'Amy'],[20152013,'Ada'],[20152014,
'Lucy']])
```

此时使用以下 Python 语句。

```
print(matrix)
```

运行的结果如下。

```
[['20152011' 'Jill']
 ['20152012' 'Amy']
 ['20152013' 'Ada']
 ['20152014' 'Lucy']]
```

2.2.2 获取 NumPy 中数组的维度

在介绍本小节内容之前，先介绍一下 NumPy 中的方法 arange(n)，其功能是生成一个 0～(n−1)的数组。例如 arange(16)，其返回的结果是 array([0,1,2,3,4,5,6,7,8,9,10,11,12,13,14,15])。

在此基础上使用 NumPy 中的 reshape(*row*, *column*)方法，可以自动构建一个多行多列的 array 对象。

例如输入以下代码。

```
import numpy as np
data=np.arange(16).reshape(4,4)  #代表 4 行 4 列
print(data)
```

可以看到以下结果。

```
[[ 0  1  2  3]
```

```
 [ 4  5  6  7]
 [ 8  9 10 11]
 [12 13 14 15]]
```

有了这些对数据进行基本操作的方法后，可以使用 NumPy 提供的 shape 属性来获取 NumPy 数组的维度。

```
print(data.shape)
```

此时可以得到返回的结果，其数据结构是一个元组，第一个 4 代表的是 4 行，第二个 4 代表的是 4 列。

```
(4, 4)
```

2.2.3　获取本地数据

本小节将使用 NumPy 提供的 genfromtxt()方法来读取本地的数据集。使用的数据集为 crimeRatesByState2005.csv，通过以下 Python 代码实现数据集的读取操作。

```
import numpy as np
nf1=np.genfromtxt("/home/ubuntu/crimeRatesByState2005.csv",delimiter=",")
print(nf1)
```

以上 Python 代码实现了将数据从本地的 crimeRatesByState2005.csv 文件中读取到 NumPy 的数组对象中。下面展示了上述使用 Python 代码读取本地数据的前几行结果。

```
[[           nan              nan              nan              nan
             nan              nan              nan              nan
             nan]
 [           nan   5.60000000e+00   3.17000000e+01   1.40700000e+02
  2.91100000e+02   7.26700000e+02   2.28630000e+03   4.16700000e+02
  2.95753151e+08]
 [           nan   8.20000000e+00   3.43000000e+01   1.41400000e+02
  2.47800000e+02   9.53800000e+02   2.65000000e+03   2.88300000e+02
  4.54504900e+06]
 [           nan   4.80000000e+00   8.11000000e+01   8.09000000e+01
  4.65100000e+02   6.22500000e+02   2.59910000e+03   3.91000000e+02
  6.69488000e+05]
 [           nan   7.50000000e+00   3.38000000e+01   1.44400000e+02
  3.27400000e+02   9.48400000e+02   2.96520000e+03   9.24400000e+02
  5.97483400e+06]
```

```
[           nan      6.70000000e+00  4.29000000e+01      9.11000000e+01
 3.86800000e+02      1.08460000e+03  2.71120000e+03      2.62100000e+02
 2.77622100e+06]
[           nan      6.90000000e+00  2.60000000e+01      1.76100000e+02
 3.17300000e+02      6.93300000e+02  1.91650000e+03      7.12800000e+02
 3.57952550e+07]
```

NumPy 数组中的数据必须属于相同的类型，例如整型、字符串类型、布尔类型和浮点型。NumPy 具备自动识别数组内对象类型的功能，也可以使用 NumPy 数组提供的 dtype 属性来获取对应数据的类型。

2.2.4 正确读取数据

在 2.2.3 小节中，将本地数据读取到 NumPy 的数组对象中后，显示的数据存在数据类型为 nan（not a number）的情况，其实还有另外一种情况是 na（not available）。这里需要解释一下：出现前一种情况的原因是数据类型转换出错，而出现后一种情况的原因是读取的数值本身是空的、不存在的。对于数据类型转换时出现的错误，可以使用 NumPy 中提供的 genfromtxt()方法来实现数据类型的转换。genfromtxt()方法的参数说明如下。

① dtype 关键词的值要设定为“U75”，代表每个值都是 75 字节的统一码。

② skip_header 关键词的值可以被设置为整数，这个参数的功能是跳过文件开头对应的行数后执行任何其他操作。

```
import numpy as np
nfl=np.genfromtxt("/home/ubuntu/crimeRatesByState2005.csv",dtype='U75',skip_
header=1,delimiter=",")
print(nfl)
```

以上使用 Python 读取数据的前几行结果如下。

```
[['United States' '5.6' '31.7' '140.7' '291.1' '726.7' '2286.3' '416.7'
  '295753151']
 ['Alabama' '8.2' '34.3' '141.4' '247.8' '953.8' '2650' '288.3' '4545049']
 ['Alaska' '4.8' '81.1' '80.9' '465.1' '622.5' '2599.1' '391' '669488']
 ['Arizona' '7.5' '33.8' '144.4' '327.4' '948.4' '2965.2' '924.4'  '5974834']
 ['Arkansas' '6.7' '42.9' '91.1' '386.8' '1084.6' '2711.2' '262.1'  '2776221']
 ['California' '6.9' '26' '176.1' '317.3' '693.3' '1916.5' '712.8'  '35795255']
```

2.2.5　数组索引

与 list 类似，NumPy 同样支持相关的定位操作。例如下面的代码。

```
import numpy as np
matrix=np.array([[4,5,6],[7,8,9]])
print(matrix[1,2])
```

以上 Python 代码得到的结果如下。

```
9
```

关于该结果的解释：在上述代码的 matrix[1,2]中，第一个参数 1 代表的是行数，在 NumPy 中第一个行/列从 0 开始，所以 1 取的是第二行，第二个参数 2 代表的是列数，所以取的是第三列。所以最终的结果就是第二行第三列对应的数值，即 9。

2.2.6　数组切片

与 list 类似，NumPy 同样支持切片操作，以下为相关例子说明。

```
import numpy as np
matrix=np.array([[10,20,30],[40,50,60],[70,80,90]])
print(matrix[:,1])
print(matrix[:,0:2])
print(matrix[1:3,:])
print(matrix[1:3,0:2])
```

上述代码的运行结果如下。

```
[20 50 80]
[[10 20]
 [40 50]
 [70 80]]
[[40 50 60]
 [70 80 90]]
[[40 50]
 [70 80]]
```

输出结果的解释如下。

① 上述代码中的 print(matrix[:,1])，第一个参数省略，表示所有的行均被选择；第二个参数索引是 1，表示打印第二列。故打印的结果为第二列的所有行，即[20,50,80]。

② print(matrix[:,0:2])的第一个参数省略，表示所有的行均被选择；第二个参数列的索引为大于等于 0、小于 2，且步长为 1，即 0 和 1。故打印的结果为第一列和第二列的所有行，即[[10 20] [40 50] [70 80]]。

③ print(matrix[1:3,:])的第一个参数行的索引为大于等于 1、小于 3，步长为 1，即第二行和第三行被选择；第二个参数省略，表示所有的列均被选择。故打印的结果为第二行和第三行的所有列，即[[40 50 60] [70 80 90]]。

④ print(matrix[1:3,0:2])的第一个参数行的索引为大于等于 1、小于 3，步长为 1，即第二行和第三行被选择；第二个参数列的索引为大于等于 0、小于 2，且步长为 1，即第一列和第二列被选择。故打印的结果第二行和第三行的第一、二列，即[[40 50] [70 80]]。

2.2.7 数组比较

NumPy 也提供了较为强大的数组比较和矩阵功能，最终输出结果为布尔值。

为了方便理解，下面举例说明。

```
import numpy as np
matrix=np.array([[10,20,30],[40,50,60],[70,80,90]])
m=(matrix==50)
print(m)
```

输出结果如下。

```
[[False False False]
 [False  True False]
 [False False False]]
```

我们再来看一个比较复杂的例子。

```
import numpy as np
matrix=np.array([[10,20,30],[40,50,60],[70,80,90]])
second_column_50=(matrix[:,1]==50)
print(second_column_50)
print(matrix[second_column_50,:])
```

以上代码的运行结果如下。

```
[False True False]
[[40 50 60]]
```

上述代码运行结果的解释：print(second_column_50)输出的是[False True False]，首先 matrix[:,1] 代表的是所有的行，以及索引为 1 的列，即[20,50,80]，然后将该列和 50 比较，得到的就是 False，True，False。print(matrix[second_column_50,:])代表的是返回 True 值的那一行数据，即[40 50 60]。

【注意】 上述例子是拼接单个条件，NumPy 也允许我们使用条件符来拼接多个条件。"&"代表"与"，"|"代表"或"。例如 vector=np.array([1,10,11,12])，equal_ to_five_and_ten=(vector==5)&(vector==10)返回的都是 False；如果是 equal_to_five_or_ten= (vector==5)|(vector==10)，那么返回的是[False,True,False,False]。

2.2.8　替代值

NumPy 可以运用布尔值来替换值。

在数组中：我们先创立一维数组 vector。将 vector 的值与 10 或 5 比较，得到一个布尔值数组 equal_to_ten_or_five。将 vector 数组中 equal_to_ten_or_five 为 True 的值替换为 200。

```
import numpy
vector =numpy.array([10,20,30,40])
equal_to_ten_or_five=(vector==10)|(vector==5)
vector[equal_to_ten_or_five]=200
print(vector)
```

其运行结果如下。

```
[ 200 20  30  40]
```

在矩阵中：我们先创立数组 matrix。将 matrix 的第二列和 50 比较，得到一个布尔值数组。second_column_50 用于将 matrix 第二列值为 50 的替换为 20。

```
import numpy
matrix=numpy.array([[10,20,30],[40,50,60],[70,80,90]])
second_column_50=(matrix[:,1]==50)
matrix[second_column_50,1]=20
print(matrix)
```

其运行结果如下。

```
[[10 20 30]
 [40 20 60]
```

```
[70 80 90]]
```

替换具有一个很棒的应用，就是替换那些空值。之前提到过NumPy中只能有一个数据类型。我们读取的一个字符矩阵中有一个值为空值，我们很有必要把空值替换成其他值（例如数据的平均值），或者直接把它删除。下面我们演示把空值替换为“0”的操作。

```
import numpy as np
matrix=np.array([
['10','20','30'],
['40','50','60'],
['70','80','']])
second_column_50=(matrix[:,2]=='')
matrix[second_column_50,2]='0'
print(matrix)
```

其运行结果如下。

```
[['10' '20' '30']
 ['40' '50' '60']
 ['70' '80' '0']]
```

2.2.9 数据类型的转换

在NumPy中，ndarray数组的数据类型可以通过dtype参数进行设置；还可以通过astype()方法进行转换。使用astype()方法进行文件的相关处理很方便、实用。值得注意的是，使用astype()方法对数据类型进行转换的结果是一个新的数组，可以将其理解为对原始数据的复制，但数据类型不同。

例如，把字符串类型转换成浮点型。

```
import numpy
vector=numpy.array(["22","33","44"])
vector=vector.astype(float)
print(vector)
```

其输出结果如下。

```
[22. 33. 44.]
```

在以上Python代码中，假如字符串中含有非数字类型的对象，将字符串类型转换为浮点型就会报错。

2.2.10　NumPy 的统计方法

除了以上介绍的相关功能，NumPy 还内置了更多科学计算的方法，尤其是非常重要的统计方法。

① max()：用于统计数组元素中的最大值；对于矩阵来说，计算结果为一个一维数组，需要指定行或者列。

② mean()：用于统计数组元素的平均值；对于矩阵来说，计算结果为一个一维数组，需要指定行或者列。

③ sum()：用于统计数组元素的和；对于矩阵来说，计算结果为一个一维数组，需要指定行或者列。

值得注意的是，用这些统计方法计算的数组元素的数据类型必须是整型或者浮点型。

例如以下数组代码。

```
import numpy
vector=numpy.array([10,20,30,40])
print(vector.sum())
```

得到的结果如下。

```
100
```

例如以下矩阵代码。

```
import numpy as np
matrix=np.array([[10,20,30],[40,50,60],[70,80,90]])
print(matrix.sum(axis=1))
print(np.array([5,10,20]))
print(matrix.sum(axis=0))
print(np.array([10,10,15]))
```

其运行结果如下。

```
[ 60 150 240]
[ 5 10 20]
[120 150 180]
[10 10 15]
```

如上述例子所示，axis=1 计算的是行的和，沿着列的方向进行计算；axis=0 计算的是列的和，沿着行的方向进行计算。

2.3 本章小结

本章的知识点为读者后续学习自然语言处理进行了铺垫。其中主要介绍了正则表达式在自然语言处理中的基本应用（如字符串匹配方法的相关介绍，转义符使用方法的介绍，以及使用正则表达式抽取文本中数字的相关说明），并在最后详细地介绍了NumPy 的使用方法（如数组创建方法、NumPy 中数组维度获取方法、本地数据获取方法、数据读取方法、NumPy 数组索引、切片、数组比较、替代值、数据类型转换方法的介绍，以及 NumPy 统计方法的介绍）。

需要提醒读者的是，应该注意正则表达式的相关知识点及其使用方法，因为在某些具体的任务中，基于规则的方法通常从一开始就是最简单、最有效的，而正则表达式是实现此类规则的最便捷方法，特别是在基于匹配规则的使用过程中。此外，由于篇幅有限，本章不能一一介绍常见的 Python 库，例如 SciPy 和 pandas。希望读者在进行自然语言处理操作之前能够自己找到相关信息并掌握 Python 基础知识。

第3章 使用NLTK获取和构建语料库

本章将为读者介绍语料库的基本知识，以及自然语言处理工具包的使用，使读者能够使用 NLTK 获取和构建语料库，进行自然语言分析。

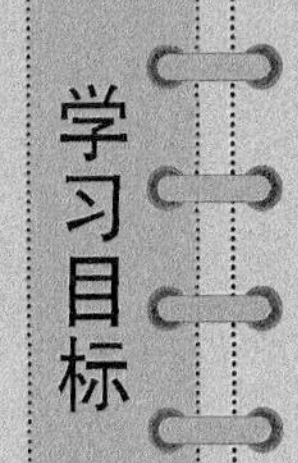

- 掌握语料库基础知识。
- 掌握自然语言处理工具包 NLTK 的使用方法。
- 了解获取语料库的常用方式。
- 独立完成综合案例——走进红楼梦。

3.1 语料库基础

下面通过 6 个概念介绍语料库基础内容。

1．自然语言

自然语言通常是指一种随文化演化的语言（如汉语、英语、日语）。自然语言是人类交流和思考的主要工具，亦是人类智慧的结晶。自然语言处理是人工智能研究的核心内容，充满魅力和挑战。

2．语料

语料，即语言材料，是语言学研究的内容，也是构成语料库的基本单元。语料通常需要经过分析和处理，才能成为有用的资源。

3．语料库

语料库是语料库语言学研究的基础资源，也是经验主义语言研究的主要资源。其具备 3 个特点：语料库存放的是在实际使用中真实出现过的语言材料；语料库是以电子计算机为载体承载语言知识的基础资源；语料库是一个有限的集合，是实际语言运用的抽样，无法涵盖所有语料。

4．建立语料库的意义

语料库是语料库语言学研究的基础资源，也是经验主义语言研究方法的主要资源。语料库被应用于词典编纂、语言教学、传统语言研究、自然语言处理中基于统计或实例的研究。

5．语料库的构建原则

构建语料库时应该坚持代表性、结构性、平衡性、规模性和符合元数据规范的原则。各个原则的具体介绍如下。

① 代表性：在应用领域中，语料是由抽样框架采集而来的，并且能在特定的抽样框架内具备代表性和普遍性。

② 结构性：有目的地收集语料的集合，并以电子形式保存。语料集合的结构性体现在语料库中语料记录的代码、元数据项、数据类型、数据宽度、取值范围、完整性约束特性上。

③ 平衡性：根据实际情况选择其中一个或者几个重要的指标作为平衡因子。最

常见的平衡因子有学科、年代、文体、地域等。

④ 规模性：大规模的语料对语言研究特别是对自然语言处理的研究很有用。但是随着语料库的增大，垃圾语料越来越多，语料达到一定规模后，语料库的功能不能随之增多，因此语料库的规模应根据实际情况而定。

⑤ 符合元数据规范：元数据对于研究语料库有着重要的意义，我们可以通过元数据了解语料的时间、地域、作者、文本信息等；构建不同的子语料库；对不同的子语料进行对比；记录语料知识版权、加工信息、管理信息等。

6. 语料库的划分与种类

语料库有多种类型，确定类型的主要依据是它的研究目的和用途，这两点往往能够在语料采集的原则和方式上有所体现。语料库大致可分成以下类型。

按照是否有特定的语料收集原则，是广泛收集并原样存储各种语料，还是只收集同一类内容的语料，可将语料库划分为异质的、同质的两种类型；按照是根据预先确定的原则和比例收集语料，使语料具有平衡性和系统性，代表某一范围内的语言事实，还是只收集具有某一特定用途的语料，可将语料库划分为系统的、专用的两种类型。

此外，按照语料的语种，语料库可分成单语的、双语的和多语的；按照语料的采集单位，语料库又可分为语篇的、语句的、短语的。双语和多语语料库按照语料的组织形式，还可以分别分为平行（对齐）语料库和比较语料库。平行（对齐）语料库的语料构成译文关系，多用于机器翻译、双语词典编纂等应用场景；比较语料库将表述同样内容的不同语言文本收集到一起，多用于语言对比研究。

3.2 NLTK

3.2.1 NLTK 简介

NLTK（自然语言工具包）是用 Python 编程语言实现的统计自然语言处理的工具。NLTK 由史蒂文·博德和爱德华·洛珀在宾夕法尼亚大学开发。在自然语言处理领域中，NLTK是最常用的一个 Python 库，其收集的大量公开数据集提供了全面易用的接口，涵盖了分词、词性标注、命名实体识别、句法分析等功能。NLTK 包括图形演示和示例数据，被广泛应用在经验语言学、认知科学、人工智能、信息检索和机器学习等领域。其提供的教程解释了工具包支持的语言处理任务背后的基本概念。

NLTK 提供表示自然语言处理相关数据的基本类，词性标注、文法分析、文本分类等任务的标准接口以及这些任务的实现，组合起来可以解决复杂的问题。语言处理任务与 NLTK 模块及其功能描述见表 3-1。

表 3-1　语言处理任务与 NLTK 模块及其功能描述

语言处理任务	NLTK 模块	功能描述
获取和处理语料库	nltk.corpus	获取语料库和词典的标准化接口
处理字符串	nltk.tokenize, nltk.stem	将语句分词，分解句子、提取主干信息
发现搭配	nltk.collocations	识别语句中的固定搭配
标记词性标识符	nltk.tag	针对语句标记词性标识符
分类	nltk.classify, nltk.cluster	利用决策树、最大熵、贝叶斯、期望最大算法、*k* 均值聚类进行聚类和分类
分块	nltk.chunk	把词汇分成有意义的块。分块的主要目标是将所谓的名词短语分组
解析	nltk.parse	解析词汇的依赖信息
解释语义	nltk.sem, nltk.inference	解析词汇的语义
评测指标	nltk.metrics	测评精度、召回率、协议系数指标数据
计算概率与估计	nltk.probability	频率分布，平滑概率分布
引入应用	nltk.app nltk.chat	NLTK 中的典型应用，如图形化的关键词排序、分析器、WordNet 查看器、聊天机器人
语言学领域的工作	nltk.toolbox	处理 SIL 工具箱格式的数据：处理标准格式标记字符串以及迭代器格式的数据

3.2.2　安装 NLTK

接下来对 NLTK 的安装过程进行详细的介绍。

步骤 1：打开一个终端，输入命令“python”，获取当前系统安装的 Python 版本信息，如图 3-1 所示。

```
ubuntu@d852980f5a52:~$ python
Python 3.6.5 |Anaconda, Inc.| (default, Apr 29 2018, 16:14:56)
[GCC 7.2.0] on linux
Type "help", "copyright", "credits" or "license" for more information.
```

图 3-1　获取 Python 版本信息

步骤 2：根据 Python 版本，在官网找到合适的安装包进行下载安装，或者在命令行窗口直接输入命令“pip install nltk”或“pip --default-timeout=100 install nltk”（在命令中添加--default-timeout=100 可以解决安装超时问题）进行自动安装。

步骤 3：主要是通过将域名更换为 IP 地址解决 GitHub 链接无法访问的问题。使用命令“sudo vi/etc/hosts”修改系统 IP 映射文件，在 hosts 文件最后添加一条 IP 映射信息，内容为 199.232.××.××× ××××××.×××，添加后保存并退出。

步骤 4：执行命令“import nltk”和“nltk.download()”下载 NLTK 数据包，如图 3-2 所示。运行成功后弹出“NLTK Downloader”对话框，选中 book，根据实际情况修改下载路径，如/home/ubuntu/nltk_data（book 包含了数据案例和内置函数），如图 3-3 所示。

图 3-2　NLTK 数据包的下载命令

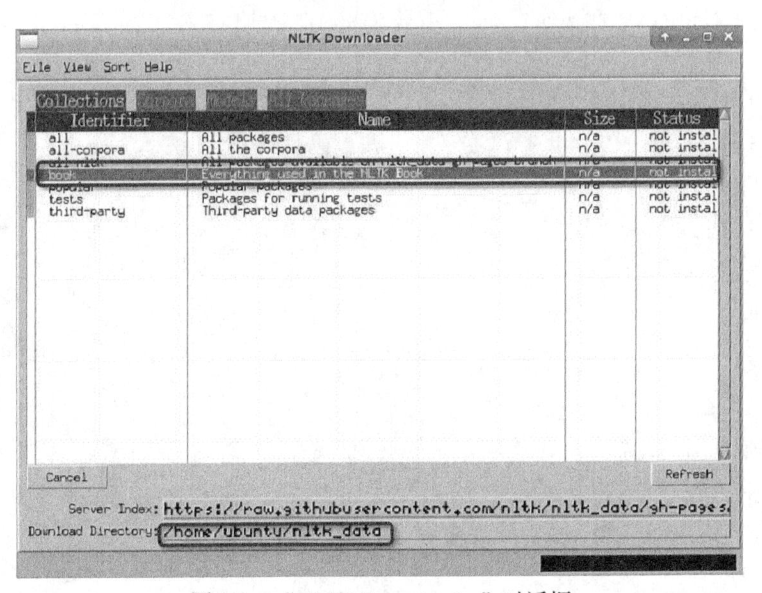

图 3-3　“NLTK Downloader”对话框

步骤 5：在/etc/profile 文件最后添加命令“export PATH=$PATH:/ home/ubuntu/nltk_data”，保存并退出后，使用命令“source /etc/profile”让配置生效。

步骤 6：打开 Python 解释器输入代码“from nltk.book import *”，出现图 3-4 所示的内容则表示安装成功。

```
>>> from nltk.book import *
*** Introductory Examples for the NLTK Book ***
Loading text1, ..., text9 and sent1, ..., sent9
Type the name of the text or sentence to view it.
Type: 'texts()' or 'sents()' to list the materials.
text1: Moby Dick by Herman Melville 1851
text2: Sense and Sensibility by Jane Austen 1811
text3: The Book of Genesis
text4: Inaugural Address Corpus
text5: Chat Corpus
text6: Monty Python and the Holy Grail
text7: Wall Street Journal
text8: Personals Corpus
text9: The Man Who Was Thursday by G . K . Chesterton 1908
```

图 3-4 测试 NLTK 是否安装成功

3.2.3 使用 NLTK

接下来对 NLTK 的基本使用进行简单的介绍。

1. 导入 book 模块

使用 NLTK 进行相关操作之前，需要将 book 模块导入，操作如图 3-5 所示。

```
Terminal - ubuntu@6f85c896ca94: ~/nltk_data
File Edit View Terminal Tabs Help
<Text: Moby Dick by Herman Melville 1851>
>>> exit()
ubuntu@6f85c896ca94:~/nltk_data$ python
Python 3.6.5 |Anaconda, Inc.| (default, Apr 29 2018, 16:14:56)
[GCC 7.2.0] on linux
Type "help", "copyright", "credits" or "license" for more information.
>>> import nltk
>>> from nltk.book import *
*** Introductory Examples for the NLTK Book ***
Loading text1, ..., text9 and sent1, ..., sent9
Type the name of the text or sentence to view it.
Type: 'texts()' or 'sents()' to list the materials.
text1: Moby Dick by Herman Melville 1851
text2: Sense and Sensibility by Jane Austen 1811
text3: The Book of Genesis
text4: Inaugural Address Corpus
text5: Chat Corpus
text6: Monty Python and the Holy Grail
text7: Wall Street Journal
text8: Personals Corpus
text9: The Man Who Was Thursday by G . K . Chesterton 1908
>>> text1
<Text: Moby Dick by Herman Melville 1851>
>>>
```

图 3-5 导入 book 模块

2. 常用的统计函数

常用的统计函数见表 3-2。

表 3-2　常用的统计函数

函数	功能	使用案例
len()	统计词汇数量	len(text1)
set()	获取词汇表	set(text1)
sorted()	给词汇表排序	sorted(set(text1))
count()	统计特定词在文本中出现的次数	text1.count("the")
count()、len()	统计特定词在文本中所占的百分比	100*text1.count('the')/len(text1)
len()、set()	统计每个词被使用的平均次数	len(text1)/len(set(text1))

常用的统计函数的运行结果如图 3-6 所示。

```
rap', 'wrapall', 'wrapped', 'wrapper', 'wrapping', 'wraps', 'wrapt', 'wrath', 'w
reak', 'wreath', 'wreck', 'wrecked', 'wrecks', 'wrench', 'wrenched', 'wrenching'
, 'wrest', 'wrestling', 'wrestlings', 'wretched', 'wretchedly', 'wriggles', 'wri
ggling', 'wring', 'wrinkled', 'wrinkles', 'wrinkling', 'wrist', 'wrists', 'writ'
, 'write', 'writer', 'writers', 'writhed', 'writhing', 'writing', 'written', 'wr
ong', 'wrote', 'wrought', 'wrung', 'y', 'yard', 'yards', 'yarn', 'yarns', 'yaw',
 'yawed', 'yawing', 'yawingly', 'yawned', 'yawning', 'ye', 'yea', 'year', 'yearl
y', 'years', 'yeast', 'yell', 'yelled', 'yelling', 'yellow', 'yellowish', 'yells
', 'yes', 'yesterday', 'yet', 'yield', 'yielded', 'yielding', 'yields', 'yoke',
'yoked', 'yokes', 'yoking', 'yon', 'yonder', 'yore', 'you', 'young', 'younger',
'youngest', 'youngish', 'your', 'yours', 'yourselbs', 'yourself', 'yourselves',
'youth', 'youthful', 'zag', 'zay', 'zeal', 'zephyr', 'zig', 'zodiac', 'zone', 'z
oned', 'zones', 'zoology']
>>> len(text1)
260819
>>> len(set(text1))
19317
>>> len(text1)/len(set(text1))
13.502044830977896
>>> text1.count("the")
13721
>>> 100*text1.count("the")/len(text1)
5.260736372733581
>>> sorted(set(text1))
```

图 3-6　常用的统计函数的运行结果

3. concordance()函数

我们想要在 text1 一文中检索"beauty"，可使用 concordance()函数处理。该函数不仅可以展示全文所有"beauty"出现的位置及其上下文，也可以将全文以该单词对齐的方式打印出来。便于对比分析，输入代码 "text1.concordance('beauty')"，执行结果显示总共出现 8 次，运行效果如图 3-7 所示。

```
>>> text1.concordance('beauty')
Displaying 8 of 8 matches:
cts , whiteness refiningly enhances beauty , as if imparting some special
 virt
s a simple old soul ,-- Rad , and a beauty too . Boys , they say the rest
 of h
e , and with curses , the appalling beauty of the vast milky mass , that
lit u
er also the devilish brilliance and beauty of many of its most remorseles
s tri
In no living thing are the lines of beauty more exquisitely defined than
in th
motions derive their most appalling beauty from it . Real strength never
impai
om it . Real strength never impairs beauty or harmony , but it often best
ows i
etude , when beholding the tranquil beauty and brilliancy of the ocean '
s ski
```

图 3-7　concordance()函数的执行示例

4．similar()函数

在 text1 中检索与“test”相似的上下文，可使用 similar()函数进行处理。输入代码“text1.similar('test')”即可，运行效果如图 3-8 所示。

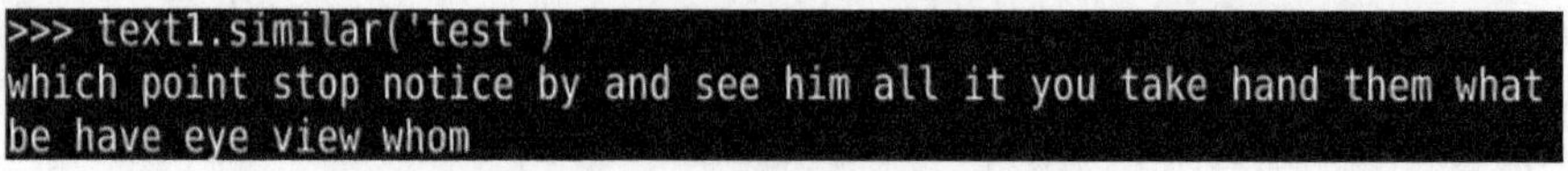

>>> text1.similar('test')
which point stop notice by and see him all it you take hand them what
be have eye view whom

图 3-8　similar()函数的执行示例

5．common_contexts()函数

需要搜索共用多个词汇的上下文，而不是检索某个单词时，可使用 common_contexts()函数处理。输入代码“text1.common_contexts(['a','very'])”，运行效果如图 3-9 所示。

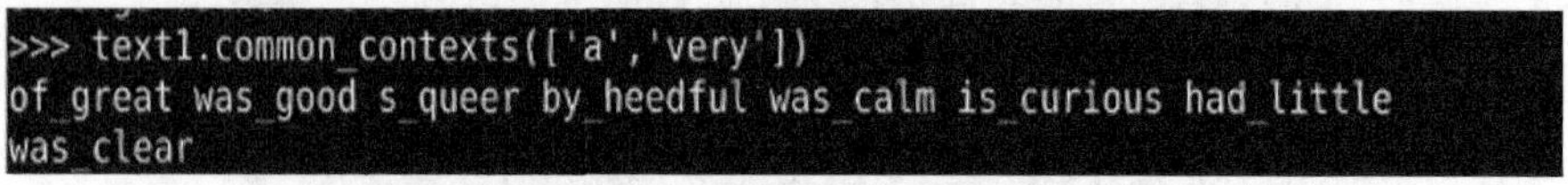

>>> text1.common_contexts(['a','very'])
of_great was_good s_queer by_heedful was_calm is_curious had_little
was_clear

图 3-9　common_contexts()函数的执行示例

6．dispersion_plot()函数

该函数可用于判断词在文本中的位置，统计从开头算起共出现多少次，可以用离散图表示，每一列代表一个单词，每一行代表一个文本。代码使用示例如下。

```
text1.dispersion_plot(["The","Moby","Dick"])
```

dispersion_plot()函数的执行效果如图 3-10 所示。

词汇离散图
The
Moby
Dick
0
50000
100000
150000
200000
250000
字偏移量

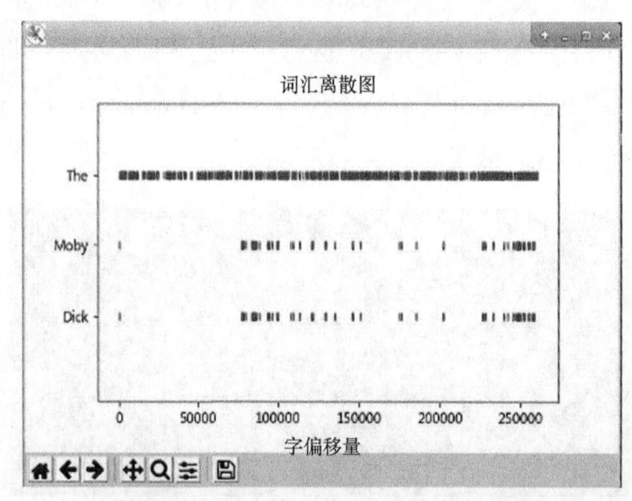

图 3-10　dispersion_plot()函数的执行效果

7．FreqDist()函数

对文本中词汇分布情况进行统计时，可以使用 FreqDist()函数进行处理。代码使用如下。

```
fdist1=FreqDist(text1)
```

通过统计结果可以发现词汇的分布情况，运行结果如图 3-11 所示。

```
>>> fdist1=FreqDist(text1)
>>> fdist1
FreqDist({',': 18713, 'the': 13721, '.': 6862, 'of': 6536, 'and': 6024, 'a': 4569, 'to': 4542, ';': 4072, 'in': 3916, 'that': 2982, ...})
```

图 3-11　词汇分布情况统计

还可以指定查询某个词的使用频率，如查看“the”的使用频率，实现代码如下。

```
fdist1['the']
```

运行结果如图 3-12 所示。

图 3-12　单个词使用频率的统计

还可以查看指定个数常用词的累积频率分布图，实现代码如下。

```
fdist1.plot(50,cumulative=True)
```

查看 text1 中 50 个常用词的累积频率分布图，运行结果如图 3-13 所示。

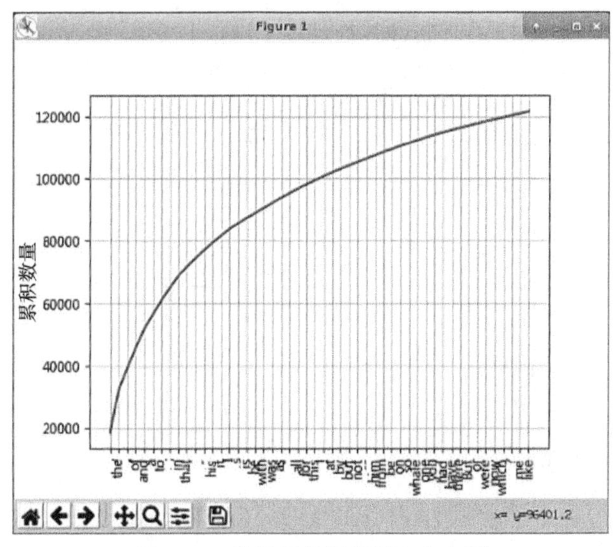

图 3-13　常用词的累积频率分布图

8. NLTK 频率分布类中定义的常用函数

NLTK 频率分布类中定义的常用函数见表 3-3。

表 3-3 NLTK 频率分布类中定义的常用函数

函数	功能	使用案例
FreqDist()	创建包含给定样本的频率分布	fdist=FreqDist(Samples)
inc()	增加样本	fdist.inc(Sample)
fdist[]	计算给定样本出现的次数	fdist['monstrous']
freq()	获取给定样本的频率	fdist.freq('monstrous')
N()	获取样本总数	fdist.N()
keys()	获取频率递减的样本链表	fdist.keys()
for…in…	获取频率递减遍历的样本	for sample in fdist
max()	获取数值最大的样本	fdist.max()
tabulate()	绘制频率分布表	fdist.tabulate()
plot()	绘制频率分布图	fdist.plot()
plot(cumulative=True)	绘制累积频率分布图	fdist.plot(cumulative=True)

9. 词汇比较运算的常用函数

词汇比较运算的常用函数见表 3-4（s 代表字符串）。

表 3-4 词汇比较运算的常用函数

函数	功能	使用案例
startswith()	测试字符串是否以 t 开头	s.startswith(t)
endswith()	测试字符串是否以 t 结尾	s.endswith(t)
in	测试字符串是否包含 t	t in s
islower()	测试字符串所有字符是否都是小写字母	s.islower()
isupper()	测试字符串所有字符是否都是大写字母	s.isupper()
isalpha()	测试字符串所有字符是否都是字母	s.isalpha()
isalnum()	测试字符串所有字符是否都是字母或数字	s.isalnum()
isdigit()	测试字符串所有字符是否都是数字	s.isdigit()
istitle()	测试字符串所有词的首字母是否都是大写	s.istitle()

3.2.4 使用 StanfordNLP

1. StanfordNLP 简介

StanfordNLP 是由斯坦福大学自然语言处理研究小组开发的，是由 Java 实现的 NLP 开源工具包，为自然语言处理领域的各类问题提供了解决办法。对于自然语言开发者而言，能将 NLTK 和 StanfordNLP 两个工具包结合起来使用再好不过了。2004 年，史蒂文·博德在 NLTK 中加上了对 StanfordNLP 工具包的支持，通过调用外部的 jar 文件来使用 StanfordNLP 工具包的功能，这样一来就使 NLTK 变得更方便好用。现在的 NLTK 通过封装提供了 StanfordNLP 中的以下 5 个功能。

① 分词：StanfordSegmenter。

② 词性标注：StanfordPOSTagger。

③ 命名实体识别：StanfordNERTagger。

④ 句法分析：StanfordParser。

⑤ 依存句法分析：StanfordDependencyParser。

2．StanfordNLP 的安装

安装环境说明：本书在 Python 3.6.4、NLTK 3.5、Java 1.8.0_201 版本上进行配置。其中，StanfordNLP 工具包需要 Java 8 及之后的版本，因此，安装 StanfordNLP 时，必须保证 JDK 必须是 1.8 及之后版本；在 NLTK 3.2 之前的版本中，StanfordSegmenter 未能实现，因此，尽量使用 NLTK 3.2 及之后的版本。

步骤 1：下载安装包 StanfordNLTK.zip，其中包含了所有需要的包和相关文件。

StanfordNLTK.zip 中各包的功能如下。

- 分词依赖：stanford-segmenter.jar、slf4j-api.jar、data 文件夹相关子文件。
- 命名实体识别依赖：stanford-ner.jar。
- 词性标注依赖：models、stanford-postagger.jar。
- 句法分析依赖：stanford-parser.jar、stanford-parser-3.6.0-models.jar、classifiers。
- 依存语法分析依赖：stanford-parser.jar、stanford-parser-3.6.0-models.jar、classifiers。

步骤 2：下载 NLTK 工具包 nltk-develop.zip，该工具包提供 StanfordNLP 接口。

步骤 3：将 StanfordNLTK.zip 和 nlik-develop.zip 安装包解压后，首先将文件夹复制到 Python 安装主路径下（本书 Python 的安装目录为/usr/local/bin/python3），然后打开 NLTK 解压文件夹，通过“python setup.py install”命令安装（安装路径可根据实际情况进行修改）。

3．StanfordNLP 的应用

在 StanfordNLP 简介中，我们了解到 StanfordNLP 的主要功能分别是分词、词性标注、命名实体识别、句法分析、依存句法分析。接下来我们对这 5 个常用功能进行详细的说明。

（1）分词

分词的功能可以被简单理解为将一段完整的语料进行词语的分割，结合下面的例子相信大家能很轻松地明白。

下面使用StanfordSegmenter将“我中午要去北京饭店，下午去中山公园，晚上回亚运村。”进行词语分割，实现代码如下。

```
from nltk.tokenize.stanford_segmenter import StanfordSegmenter
segmenter = StanfordSegmenter(
path_to_jar=r"/usr/local/bin/python3/StanfordNLTK/stanford-segmenter.jar",
path_to_slf4j=r"/usr/local/bin/python3/StanfordNLTK/slf4j-api.jar",
path_to_sihan_corpora_dict=r"/usr/local/bin/python3/StanfordNLTK/data",
path_to_model=r"/usr/local/bin/python3/StanfordNLTK/data/pku.gz",
path_to_dict=r"/usr/local/bin/python3/StanfordNLTK/data/dict-chris6.ser.gz")
str="我中午要去北京饭店，下午去中山公园，晚上回亚运村。"
result = segmenter.segment(str)
print(result)
```

运行结果如下。

```
我 中午 要 去 北京 饭店 ， 下午 去 中山 公园 ， 晚上 回 亚运村 。
```

【注意】在StanfordSegmenter的初始化参数中：path_to_jar用于定位jar包，本程序分词依赖包为stanford-segmenter.jar；path_to_slf4j用于定位slf4j-api.jar，作用于分词；path_to_ sihan_corpora_dict是StanfordNLTK.zip解压缩后在data目录下自带的两个可用模型pku.gz（中国北京大学提供的训练资料）和ctb.gz（美国宾夕法尼亚大学的中国树库训练资料）。用户可以根据使用情况选择其中一个模型。编写代码时，用户可根据实际StanfordNLTK的安装路径修改路径。

（2）词性标注

词性标注又称为词类标注或者简称为标注，是指为分词结果中的每个单词标注一个正确的词性的程序，即确定每个词是名词、动词、形容词或者其他词性的过程。接下来使用StanfordPOSTagger对“我 中午 要 去 北京 饭店 ， 下午 去 中山 公园 ， 晚上 回 亚运村 。\r\n”中的名词进行词性标注，实现代码如下。

```
from nltk.tag import StanfordPOSTagger
chi_tagger = StanfordPOSTagger(
model_filename=r'/usr/local/bin/python3/StanfordNLTK/models/chinese-distsim.
tagger',
```

```
path_to_jar=r'/usr/local/bin/python3/StanfordNLTK/stanford-postagger.jar')
result='我 中午 要 去 北京 饭店 ， 下午 去 中山 公园 ， 晚上 回 亚运村 。\r\n'
print(chi_tagger.tag(result.split()))
```

运行结果如下。

```
[('', '我#PN'), ('', '中午#NT'), ('', '要#VV'), ('', '去#VV'), ('', '北京#NR'), ('',
'饭店#NN'), ('', '，#PU'), ('', '下午#NT'), ('', '去#VV'), ('', '中山#NR'), ('',
'公园#NN'), ('', '，#PU'), ('', '晚上#NT'), ('', '回#VV'), ('', '亚运村#NR'), ('', '。
#PU')]
```

【注意】在 StanfordPOSTagger 的初始化参数中：model_filename 用于定位模型文件 chinese-distsim.tagger；path_to_jar 用于定位 jar 包，本程序词性标注依赖包为 stanford-postagger.jar。编写代码时，用户可根据实际 StanfordNLTK 的安装路径修改路径。

（3）命名实体识别

命名实体识别又称作“专名识别”，是指识别文本中具有特定意义的实体，主要包括人名、地名、组织机构名等。接下来使用 StanfordNERTagger 对“我 中午 要 去 北京 饭店 ， 下午 去 中山 公园 ， 晚上 回 亚运村 。\r\n” 中的名词进行识别，代码如下。

```
from nltk.tag import StanfordNERTagger
chi_tagger = StanfordNERTagger(
model_filename=r'/usr/local/bin/python3/StanfordNLTK/classifiers/chinese.misc.
distsim.crf.ser.gz',
path_to_jar=r'/usr/local/bin/python3/StanfordNLTK/stanford-ner.jar')
result="我 中午 要 去 北京 饭店 ， 下午 去 中山 公园 ， 晚上 回 亚运村 。\r\n"
for word, tag in chi_tagger.tag(result.split()):
print(word,tag)
```

运行结果如下。

```
我 O
中午 MISC
要 O
去 O
北京 FACILITY
饭店 FACILITY
， O
下午 MISC
去 O
```

```
中山 FACILITY
公园 FACILITY
， O
晚上 MISC
回 O
亚运村 GPE
。 O
```

【注意】在 StanfordNERTagger 的初始化参数中：model_filename 用于定位模型文件 chinese.misc.distsim.crf.ser.gz；path_to_jar 用于定位 jar 包，本程序命令实体识别依赖包为 stanford-ner.jar。编写代码时，用户可根据实际 StanfordNLTK 的安装路径修改路径。

（4）句法分析

句法分析是在分析单个词词性的基础上，尝试分析词与词之间的关系，并用这种关系来表示句子的结构。实际上，句法结构可以分为两种，一种是短语结构，另一种是依存结构。前者按句子顺序来提取句法结构，后者则按词与词之间的句法关系来提取句子结构。这里说的句法分析得到的是短语结构。进行中文的句法分析时，需要使用中文的模型，可用的中文模型有以下几种。

- 'edu/stanford/nlp/models/lexparser/chinesePCFG.ser.gz'。
- 'edu/stanford/nlp/models/lexparser/chineseFactored.ser.gz'。
- 'edu/stanford/nlp/models/lexparser/xinhuaPCFG.ser.gz'。
- 'edu/stanford/nlp/models/lexparser/xinhuaFactored.ser.gz'。
- 'edu/stanford/nlp/models/lexparser/xinhuaFactoredSegmenting.ser.gz'。

其中 Factored 包含词汇化信息，PCFG 是更快更小的模板，xinhua 据说是根据《新华日报》训练的语料，而 chinese 包含更丰富的语料，xinhuaFactoredSegmenting.ser.gz 可以对未分词的句子进行句法解析。以下句法分析的代码用的是 chinesePCFG.ser.gz，使用 StanfordParser 对“语料库 以 电子 计算机 为 载体 承载 语言 知识 的 基础 资源 ， 但 并 不 等于 语言 知识 。”进行句法分析，实现代码如下。

```
from nltk.parse.stanford import StanfordParser
chi_parser = StanfordParser(
r"/usr/local/bin/python3/StanfordNLTK/stanford-parser.jar",
r"/usr/local/bin/python3/StanfordNLTK/stanford-parser-3.6.0-models.jar",
r"/usr/local/bin/python3/StanfordNLTK/classifiers/chinesePCFG.ser.gz")
sent = u'语料库 以 电子 计算机 为 载体 承载 语言 知识 的 基础 资源 ， 但 并 不 等于 语言 知识 。'
```

```
print(list(chi_parser.parse(sent.split())))
```

运行结果如下。

```
[Tree('ROOT', [Tree('IP', [Tree('NP', [Tree('NR', ['语料库'])]), Tree('VP', [Tree('VP', [Tree('PP', [Tree('P', ['以']), Tree('NP', [Tree('NN', ['电子']), Tree('NN', ['计算机'])])]), Tree('PP', [Tree('P', ['为']), Tree('NP', [Tree('NN', ['载体'])])]), Tree('VP', [Tree('VV', ['承载']), Tree('NP', [Tree('DNP', [Tree('NP', [Tree('NN', ['语言']), Tree('NN', ['知识'])]), Tree('DEG', ['的'])]), Tree('NP', [Tree('NN', ['基础']), Tree('NN', ['资源'])])])])]), Tree('PU', ['，']), Tree('VP', [Tree('ADVP', [Tree('AD', ['但'])]), Tree('ADVP', [Tree('AD', ['并'])]), Tree('ADVP', [Tree('AD', ['不'])]), Tree('VP', [Tree('VV', ['等于']), Tree('NP', [Tree('NN', ['语言']), Tree('NN', ['知识'])])])])]), Tree('PU', ['。'])])])]
```

【注意】StanfordParser 的初始化参数需要使用的文件都在 StanfordNLTK 安装包中，编写代码时，用户可根据 StanfordNLTK 的实际安装路径修改路径。

（5）依存句法分析

依存句法分析（DP）通过分析语言单位内成分之间的依存关系揭示其句法结构，即分析识别句子中的“主谓宾” “定状补”等语法成分，并分析各成分之间的关系。下面使用 StanfordDependencyParser 对“中国 载人 航天 工程 办公室 透露 梦天实验舱 飞行 任务 即将 拉开 序幕” 进行依存句法分析，实现代码如下。

```
from nltk.parse.stanford import StanfordDependencyParser
chi_parser = StanfordDependencyParser(
r"/usr/local/bin/python3/StanfordNLTK/stanford-parser.jar",
r"/usr/local/bin/python3/StanfordNLTK/stanford-parser-3.6.0-models.jar",
r"/usr/local/bin/python3/StanfordNLTK/classifiers/chinesePCFG.ser.gz")
res = list(chi_parser.parse(u'中国 载人 航天 工程 办公室 透露 梦天实验舱 飞行 任务 即将 拉开 序幕'.split()))
for row in res[0].triples():
    print(row)
```

运行结果如下。

```
(('载人', 'VV'), 'nsubj', ('中国', 'NR'))
(('载人', 'VV'), 'dobj', ('办公室', 'NN'))
(('办公室', 'NN'), 'amod', ('航天', 'JJ'))
(('办公室', 'NN'), 'nn', ('工程', 'NN'))
(('载人', 'VV'), 'conj', ('透露', 'VV'))
(('透露', 'VV'), 'ccomp', ('拉开', 'VV'))
```

```
(('拉开', 'VV'), 'nsubj', ('任务', 'NN'))
(('任务', 'NN'), 'nn', ('梦天实验舱', 'NR'))
(('任务', 'NN'), 'nn', ('飞行', 'NN'))
(('拉开', 'VV'), 'advmod', ('即将', 'AD'))
(('拉开', 'VV'), 'dobj', ('序幕', 'NN'))
```

【注意】StanfordDependencyParser 的初始化参数需要使用的文件都在 StanfordNLTK 安装包中，编写代码时，用户可根据 StanfordNLTK 的实际安装路径修改路径。

3.3 获取语料库

本章开始部分已经介绍了语料库，语料库是语料库语言学研究的基础资源，也是经验主义语言研究的主要资源，具有重要的价值和意义，可应用于词典编纂、语言教学、传统语言研究、自然语言处理中基于统计或实例等方面的研究。既然语料库在众多方面都发挥着重要的作用，那么获取语料库的方式有哪些呢？本节将给大家介绍 3 种常见的语料库获取方式。

3.3.1 通过语料库网站获取语料库

国内外著名语料库是通过访问各语料库网站的方式获取的，本小节主要介绍一些常见的中、英文语料库。当然，除本小节提到的语料库外，还有很多其他语料库，如有需要，读者可自行查阅。

1．英文语料库

① 英国国家语料库（BNC）。

② 柯林斯英语语料库（BOE）。

③ 英国学术口语语料库（BASE）。

④ LexTutor。

⑤ MyMemory。

⑥ TAUS。

2．中文语料库

① 中国传媒大学的媒体语言语料库。

② 哈尔滨工业大学信息检索研究室对外共享语料库资源。

③ 中文语言资源联盟。

3.3.2　通过编写程序获取语料库

语料库还可以通过编写程序，访问网络和硬盘文本的方式获取。例如，编写程序在线获取《伤寒杂病论》的语料库，实现代码如下。

```
from __future__ import division
import nltk,re,pprint
from urllib.request import urlopen
url=r.files/24272/24272-0.txt'
raw=urlopen(url).read()
raw = raw.decode('utf-8')
print(len(raw))
print(raw[1500:2000])
```

运行结果如下。

```
：其脉浮而数，能食，不大便者，此为实，名曰阳结也，期十六日当剧。其脉沉而迟，不能食，身体重，大便反硬，名曰阴结也。期十四日当剧。
问曰：病有洒淅恶寒而复发热者，何？答曰：阴脉不足，阳往从之；阳脉不足，阴往乘之。曰：何谓阳不足？答曰：假令寸口脉微，名曰阳不足，阴气上入阳中，则洒淅恶寒也，曰：何谓阴不足？答曰：假令尺脉弱，名曰阴不足，阳气下陷入阴中，则发热也。
阳脉浮（一作微）阴脉弱者，则血虚。血虚则筋急也。
其脉沉者，荣气微也。
其脉浮，而汗出如流珠者，卫气衰也。
荣气微者，加烧针，则血流不行，更发热而躁烦也。
脉（一云秋脉）蔼蔼，如车盖者，名曰阳结也。
脉（一云夏脉）累累，如循长竿者，名曰阴结也。
脉瞥瞥，如羹上肥者，阳气微也。
脉萦萦，如蜘蛛丝者，阳气（一云阴气）衰也。
脉绵绵，如泻漆之绝者，亡其血也。
脉来缓，时一止复来者，名曰结。脉来数，时一止复来者，名曰促（一作纵）。
脉，阳盛则促，阴盛则结，此皆病脉。
阴阳相搏，名曰动。阳动则汗出，阴动则发热。形冷、恶寒者，此三焦伤也。
若数脉见于关上，上下无头尾，如豆大，厥厥动摇者，名曰动也
```

再例如，编写程序在线获取《红楼梦》的 HTML 文本，实现代码如下。

```
import re,nltk
from urllib.request import urlopen
```

```
url='./cache/epub/24264/pg24264-images.html'
html=urlopen(url).read()
html=html.decode('utf-8')
print(html[6000:6500])
```

运行结果如下。

```
岂不是一场功德？那僧道：“正合吾意，你且同我到警幻仙子宫中，将蠢物交割清楚，待这一干风流孽鬼下世已完，你我再去。如今虽已有一半落尘，然犹未全集。”道人道：“既如此，便随你去来。”却说甄士隐俱听得明白，但不知所云“蠢物”系何东西.遂不禁上前施礼，笑问道：“二仙师请了。”那僧道也忙答礼相问。士隐因说道：“适闻仙师所谈因果，实人世罕闻者。但弟子愚浊，不能洞悉明白，若蒙大开痴顽，备细一闻，弟子则洗耳谛听，稍能警省，亦可免沉沦之苦。”二仙笑道：“此乃玄机不可预泄者。到那时不要忘我二人，便可跳出火坑矣。”士隐听了，不便再问。因笑道：“玄机不可预泄，但适云'蠢物'，不知为何，或可一见否？”那僧道：“若问此物，倒有一面之缘。”说着，取出递与士隐。士隐接了看时，原来是块鲜明美玉，上面字迹分明，镌着“通灵宝玉”四字，后面还有几行小字。正欲细看时，那僧便说已到幻境，便强从手中夺了去，与道人竟过一大石牌坊，上书四个大字，乃是“太虚幻境”。两边又有一副对联，道是假作真时真亦假，无为有处有还无。士隐意欲也跟了过去，方举步时，忽听一声霹雳
```

由此可见，编写程序也可以从网络上获取语料库。通过这种方式获取语料库时，需要知道如何编写 Python 程序，较第一种直接通过访问网站获取语料库的方式稍显复杂。

3.3.3 通过 NLTK 获取语料库

除了前面两种方式外，还可以通过 NLTK 获取语料库。当然通过 NLTK 方式获取语料库也需要编写 Python 程序。接下来结合几个例子介绍通过 NLTK 获取语料库的方法。

1. 网络和聊天文本

步骤 1：获取网络聊天文本，代码如下。

```
from nltk.corpus import webtext
for fileid in webtext.fileids():
    print(fileid,webtext.raw(fileid))
```

步骤 2：查看网络聊天文本信息，代码如下。

```
for fileid in webtext.fileids():
    print(fileid,len(webtext.words(fileid)),len(webtext.raw(fileid)),len(
webtext.sents(fileid)),webtext.encoding(fileid))
```

运行结果如下。

```
firefox.txt 102457 564601 1142 ISO-8859-2
grail.txt 16967 65003 1881 ISO-8859-2
overheard.txt 218413 830118 17936 ISO-8859-2
pirates.txt 22679 95368 1469 ISO-8859-2
singles.txt 4867 21302 316 ISO-8859-2
wine.txt 31350 149772 2984 ISO-8859-2
```

步骤 3：获取即时聊天会话语料库，代码如下。

```
from nltk.corpus import nps_chat
chatroom = nps_chat.posts('10-19-20s_706posts.xml')
chatroom[124]
```

运行结果如下。

```
['My', 'name', 'is', 'James', ',', 'I','live', 'in', 'Beijing', '.']
```

2. 布朗语料库

步骤 1：查看语料库信息，实现代码如下。

```
from nltk.corpus import brown
print(brown.categories())
```

运行结果如下。

```
['adventure', 'belles_lettres', 'editorial', 'fiction', 'government', 'hobbies',
'humor', 'learned', 'lore',
'mystery', 'news', 'religion', 'reviews', 'romance', 'science_fiction']
```

步骤 2：比较文本中情态动词的用法，实现代码如下。

```
import nltk
from nltk.corpus import brown
new_texts=brown.words(categories='news')
fdist=nltk.FreqDist([w.lower()for w in new_texts])
modals=['can','could','may','might','must','will']
for m in modals:
    print(m + ':',fdist[m])
```

运行结果如下。

```
can: 94
could: 87
may: 93
might: 38
must: 53
```

```
will: 389
```

步骤 3：编写 NLTK 条件概率分布函数，实现代码如下。

```
cfd=nltk.ConditionalFreqDist((genre,word)for genre in brown.categories()
for word in brown.words(categories=genre))
genres=['news','religion','hobbies','science_fiction','romance','humor']
modals=['can','could','may','might','must','will']
cfd.tabulate(condition=genres,samples=modals)
```

运行结果如下。

```
                can     could   may     might   must    will
adventure       46      151     5       58      27      50
belles_lettres  246     213     207     113     170     236
editorial       121     56      74      39      53      233
fiction         37      166     8       44      55      52
government      117     38      153     13      102     244
hobbies         268     58      131     22      83      264
humor           16      30      8       8       9       13
learned         365     159     324     128     202     340
lore            170     141     165     49      96      175
mystery         42      141     13      57      30      20
news            93      86      66      38      50      389
religion        82      59      78      12      54      71
reviews         45      40      45      26      19      58
romance         74      193     11      51      45      43
science_fiction 16      49      4       12      8       16
```

3.4 综合案例——走进《红楼梦》

3.4.1 数据的采集和预处理

本案例使用《红楼梦》作为语料，因此通过网络数据获取语料库的方式采集《红楼梦》的相关数据。该书文字太多，因此我们获取语料库时，将每 10 万字保存到一个文件中，同时，需要将完整的内容单独保存在一个文件中。实现代码如下。

```
import re,nltk
import math
```

```
import codecs
from urllib.request import urlopen
url='/24264/pg24264-images.html'
html=urlopen(url).read()
html=html.decode('utf-8')
#完整的内容
with codecs.open("/home/ubuntu/dict/hlm.txt", 'w', 'utf-8')as f:
    f.write(html[2186:len(html)]) #2186 字符后是《红楼梦》正文
    f.close()
#将每 10 万字保存到一个文件中
for index in range(math.ceil((len(html)-2186)/100000)):
    filename ='/home/ubuntu/dict/hlm'+str(index)+'.txt'
    sindex = index*100000+2186
    eindex= (index+1)*100000+2186
    with codecs.open(filename, 'w','utf-8')as f:
        f.write(html[sindex:eindex])
        f.close()
```

运行结束后，/home/ubuntu/dict 目录生成了 11 个文件，其中“hlm.txt”是《红楼梦》的完整内容，而其余 10 个文件是以每 10 万字单独保存的文件，如图 3-14 所示。

```
ubuntu@6c9b55065b01:~/dict$ pwd
/home/ubuntu/dict
ubuntu@6c9b55065b01:~/dict$ ls
hlm0.txt  hlm2.txt  hlm4.txt  hlm6.txt  hlm8.txt  hlm.txt
hlm1.txt  hlm3.txt  hlm5.txt  hlm7.txt  hlm9.txt
ubuntu@6c9b55065b01:~/dict$
```

图 3-14　数据的采集

3.4.2　构建本地语料库

采集到《红楼梦》的相关内容后，接下来可根据采集的内容构建自己的语料库，实现代码如下。

```
from nltk.corpus import PlaintextCorpusReader
corpus_root=r'/home/ubuntu/dict'
wordlists=PlaintextCorpusReader(corpus_root,'.*')
print(wordlists.fileids())
len(wordlists.words('hlm1.txt'))
```

构建自己的语料库后，利用 Python NLTK 内置函数可以完成对应的操作。值得注意的是，部分 NLTK 方法是针对英文语料的，如果要处理中文的语料库，可以通过插件处理或者在 NLTK 中利用 StanfordNLP 工具包完成操作。

3.4.3 语料的操作

打开 Python 编辑器，导出 NLTK，并统计《红楼梦》的总字数，查看用字量，即不重复的词和每个字的平均使用次数，实现代码如下。

```
import codecs
with codecs.open(r"/home/ubuntu/dict/hlm.txt","r+",'utf-8')as f:
    str=f.read()
    print(len(str))
    print(len(set(str)))
    print(len(str)/len(set(str)))
```

运行结果如下。

```
用字总量：960780
用字量：4376
平均使用频率：220
```

由上面的运行结果可知《红楼梦》的总字数为 960780 个，共用了 4376 个字，平均每个字使用了 220 次。那么常用词分布情况如何呢？众所周知《红楼梦》的主角是贾宝玉和林黛玉，那么使用了多少次“玉”字呢？

```
黛玉：1321
宝玉：3832
玉：5991
```

由此可见，“黛玉”一词被用了 1321 次，“宝玉”一词被用了 3832 次，因为讲的贾宝玉和林黛玉的爱情故事，“玉”肯定是高频词（被用了 5991 次）。如上所述，《红楼梦》的总字数是 960780 个，那么词汇累积分布情况如何，可以用下面的代码查看。

```
import codecs
import nltk
from nltk.book import *
with codecs.open(r"/home/ubuntu/dict/hlm.txt","r+",'utf-8') as f:
    txt=f.read()
    fdist = FreqDist(txt)
```

```
    fdist.plot()
```

运行结果如图 3-15 所示。

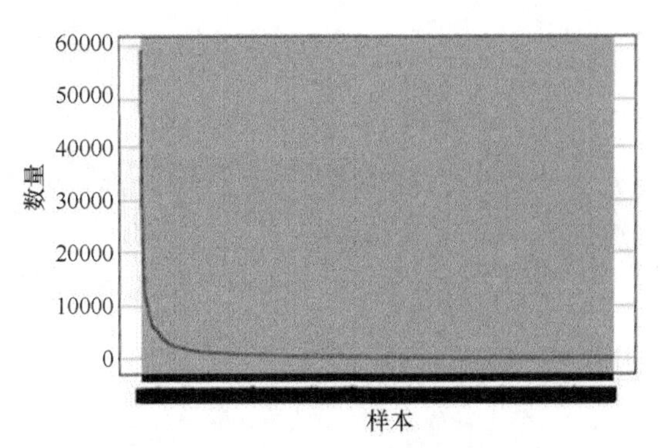

图 3-15　全书词汇的词频分布

横坐标表示样本，纵坐标表示词频。运行结果说明词频大于 5000 的非常少，高频词不多，低频词特别多。全书词汇的累积分布情况如图 3-16 所示。

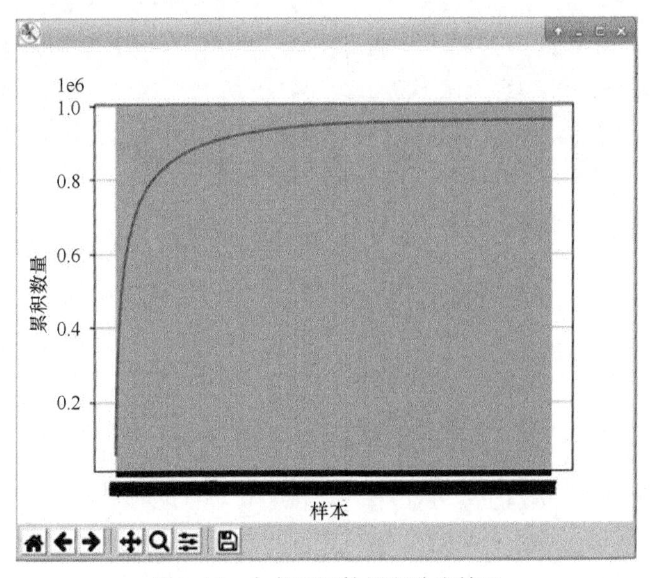

图 3-16　全书词汇的累积分布情况

查看 1000 个高频词，可使用以下代码实现。

```
import codecs
import nltk
from nltk.book import *
with codecs.open(r"/home/ubuntu/dict/hlm.txt","r+",'utf-8') as f:
    txt=f.read()
```

```
print(sorted(set(txt[:1000])))
fdist = FreqDist(txt)
fdist.plot(1000) #高频词的分布
fdist.plot(1000,cumulative=True) #高频词的累积分布
```

运行结果如下。

```
['\n', '\r', '"', '-', '`', '—', '"', '"', '\u3000', '。', '《', '》', '一',
'万', '丈', '三', '上', '下', '不', '世', '中', '丰', '之', '乎', '也', '了', '事',
'二', '于', '云', '五', '些', '亦', '享', '人', '今', '仙', '以', '但', '位', '体',
'何', '余', '作', '你', '佩', '使', '来', '依', '便', '俄', '俱', '倒', '借', '假',
'传', '僧', '兄', '先', '免', '入', '六', '其', '几', '凡', '出', '切', '列', '利',
'到', '则', '剩', '劫', '动', '十', '千', '半', '卷', '却', '原', '去', '又', '及',
'友', '受', '口', '只', '可', '后', '吐', '向', '听', '告', '味', '品', '哉', '唐',
'善', '单', '嗟', '四', '回', '因', '固', '在', '坐', '埂', '堂', '堪', '场', '块',
'坐', '墨', '士', '复', '夕', '夜', '梦', '大', '天', '女', '好', '如', '妨', '娲,
'子', '字', '学', '官', '定', '宜', '富', '宝', '将', '山', '峰', '崖', '己', '已',
'师', '带', '年', '并', '幻', '床', '庭', '异', '弟', '形', '彼', '往', '待', '得',
'从', '德', '心', '必', '忘', '快', '念', '忽', '怀', '性', '怨', '恃', '恨', '恩',
'悦', '悔', '悲', '闷', '悼', '惑', '想', '愁', '意', '愧', '慈', '慕', '惭', '憨',
'成', '我', '所', '打', '技', '按', '提', '撰', '携', '故', '教', '敷', '文', '方',
'日', '旨', '明', '昭', '是', '时', '晨', '曰', '书', '曾', '有', '未', '本', '材',
'村', '柔', '柳', '根', '弃', '椽', '荣', '乐', '欲', '叹', '止', '正', '此', '历',
'段', '氏', '永', '况', '注', '泯', '洪', '海', '深', '温', '减', '演', '潦', '济',
'灶', '无', '然', '炼', '父', '牖', '物', '独', '玄', '瓦', '甄', '甘', '生', '用',
'由', '毕', '番', '当', '发', '百', '皆', '皇', '益', '目', '眉', '看', '真', '眼',
'众', '知', '短', '石', '破', '碌', '祖', '神', '礼', '秀', '稍', '稽', '立', '笑',
'第', '笔', '等', '粗', '红', '纨', '细', '经', '编', '练', '繁', '绳', '罪', '美',
'耀', '考', '者', '而', '闻', '肖', '肥', '育', '背', '能', '自', '至', '花', '若',
'茅', '荒', '华', '蒙', '蓬', '号', '蠢', '行', '衣', '裙', '补', '裤', '襟', '要',
'见', '规', '觉', '言', '记', '语', '诚', '说', '谁', '谈', '论', '识', '护', '负,
'贵', '贾', '质', '赖', '起', '趣', '足', '较', '近', '迴', '述', '适', '这', '通',
'遂', '过', '道', '远', '选', '边', '那', '乡', '醒', '里', '钗', '锦', '开', '间',
'阁', '闺', '阅', '阶', '际', '隐', '集', '虽', '雨', '零', '雾', '露', '灵', '青',
'非', '须', '顽', '头', '风', '饫', '餍', '骨', '骼', '高', '点', '齐', '！', '，', '．
', '：', '？']
```

1000 个高频词的分布如图 3-17 所示。

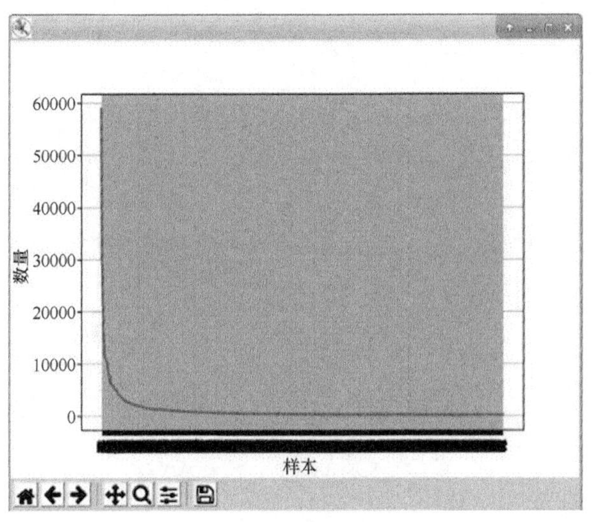

图 3-17　1000 个高频词的分布

1000 个高频词的累积分布如图 3-18 所示。

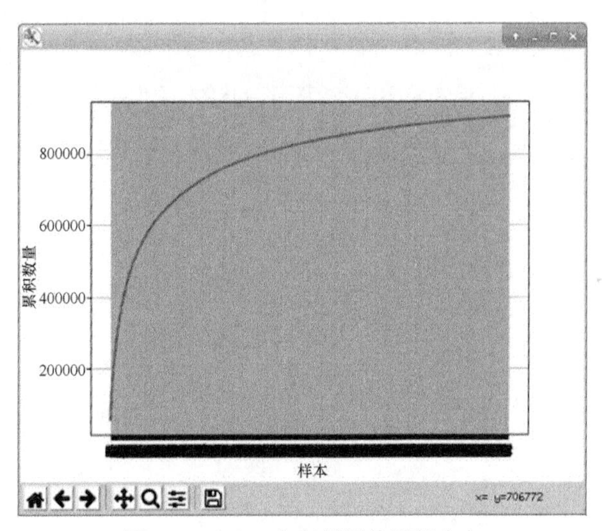

图 3-18　1000 个高频词的累积分布

在研究词频分布情况时，通常会统计各词频段的分布情况，如查询词频在[0～100]、[100～1000]、[1000～5000]、[5000 以上]词频段的分布情况，实现代码如下。

```
import codecs
import nltk
from nltk.book import *
from collections import Counter
with codecs.open(r"/home/ubuntu/dict/hlm.txt","r+",'utf-8') as f:
```

```
txt=f.read()
V = Counter(txt)
print("[0 ～ 100]:"+str(len([w for w in V.values() if w<100])))
print("[100 ～ 1000]:"+str(len([w for w in V.values() if w>100 and w<1000])))
print("[1000 ～ 5000]:"+str(len([w for w in V.values() if w>1000 and w<5000])))
print("[5000 以上]:"+str(len([w for w in V.values() if w>5000])))
```

运行结果如下。

```
[0 ～ 100]:3491
[100 ～ 1000]:712
[1000 ～ 5000]:133
[5000 以上]:36
```

3.5 本章小结

通过本章的学习，相信大家对语料、语料库、语料库的分类、语料库的构建原则及建立语料库的意义有了全面的认识，掌握了 NLTK 的安装与基本使用方法，以及语料库的 3 种获取方式，并且能熟练运用所学知识进行实际项目开发。

第二部分

技术及应用篇

第4章 jieba中文分词

在自然语言的理解中，词是能够独立活动的、最小的、有意义的语言成分，因此，自然语言处理的第一步就是确定词。英文单词可以被视为“词”，且单词与单词之间用空格或其他符号隔开，因而我们可以很方便地使用各种符号进行英文分词。中文分词与英文分词有很大的区别，中文的词比较多样，且词与词之间没有明显的分隔符。因此中文分词在中文处理的过程中十分重要，只有将中文进行合理分词后，才能像英文一样划分短语、抽取概念，最终进行自然语言理解、文档分类等操作。

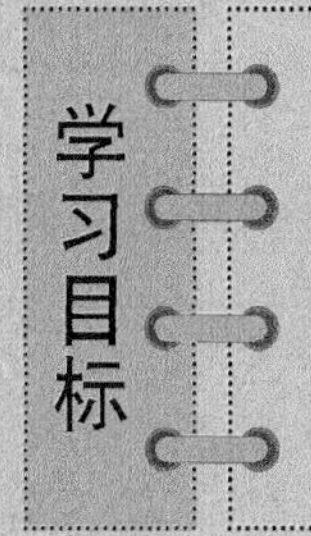

- 了解中文分词的基本概念和处理方法。
- 了解正向、逆向和双向最大匹配法等规则分词。
- 掌握统计分词的方法。

4.1 中文分词简介

“词”是自然语言处理中一个很重要的概念。在英文中，“词”以单词的形式存在，一篇英文文本就是“单词”与各种分隔符（如空格、逗号等）的组合。但在中文处理中，“词”的概念很难表述。迄今为止，汉语言学界对于“词是什么”和“什么是词”这两个基本问题（前者是关于词的抽象定义，后者是关于词的具体界定）并没有一个权威的、明确的表述，也无法像英文一样拿出一个普遍认可的词表。

汉语的结构与很多西方语言的体系结构有较大的差异，很难对词的构成边界进行具体的界定。在汉语中，“字”是“词”的基本单位，而“词”可能是一个“字”，也可能是由两个或多个“字”组成的。但对中文文本进行分析时，一篇文章的语义表达和人们对其的理解却是以“词”来划分的。因此在处理中文文本时，需要进行中文分词，即将句子分割，以词的形式表示。

中文处理的基础就是中文分词，中文分词通过计算机自动识别出句子中的词，在词与词之间加入统一的分隔符（如“/”等）作为词的边界标记符，依次分隔出各个词汇，从而达到将语言量化的目的。中文分词的过程看似简单，实际操作起来却很复杂，主要原因是分词规范、歧义切分和未登录词识别问题。

① 分词规范问题：汉语是一门博大精深的语言，我们对汉语词语的认识极易受到主观因素的影响，因此无法统一对汉语词语的认识，从而无法提供一个公认的、具有权威性的词表。例如普通人说话的语感和语言学家的标准有较大的差异。

② 歧义切分问题：中文分词出现歧义的现象很普遍，且这类问题处理起来也比较复杂。如“大学生”可能会有“大学生”“大学/生”“大/学生”3种分词结果，具体哪种分词结果更符合实际，需要人为根据上下文信息来判断，机器很难判定。

③ 未登录词识别问题：未登录词也称为生词，一是指已有词典中未收录的词，二是指已有语料库中未出现过的词。未登录词对分词也会有影响，但相对来说比较容易处理。

中文分词这一概念被提出以来，经过30年左右的发展，出现了很多不同的中文分词方法。最早的中文分词算法是基于词表的分词算法，如正向最大匹配法、逆向最大匹配法、双向最大匹配法等，这些方法也被称为“规则分词”方法。统计方法的发展促使了基于统计模型的分词算法的产生，例如统计语言模型（如 n 元模型）的分词算法、HMM（隐马尔可夫模型）分词算法等，这些算法也被称为“统计分词”方法。后来还发展了基于序列标注模型的分词算法：基于 CRF（条件随机场）的分词算法、基于深度学习的端到端的分词算法等，这些算法也称为“区分式模型”。还有规则分词方法与统计分词方法相结合的混合分词方法。

4.2 规则分词

规则分词，也可称为基于词典、词库匹配的分词方法，是通过建立词典，将待分的句子与词典中的词语匹配，并不断对词典进行维护以确保分词准确度的分词技术。基于规则的分词是一种机械式的分词技术，在分词时需要将语句中的每个字符串与词典中的词进行匹配，匹配成功则切分，否则不切分。

规则分词按照匹配方向主要分为 3 种：正向最大匹配法、逆向最大匹配法以及双向最大匹配法。

4.2.1 正向最大匹配法

正向最大匹配法的基本思想是，首先假定词典中的最长词（即最长的词语）含有 i 个汉字字符，然后用待处理的中文文本中的前 i 个字作为匹配字段，与词典中含有 i 个字的词进行匹配。假如词典中存在包含 i 个字的词语则匹配成功，匹配成功的字段作为词被切分出来，反之则匹配失败。若匹配失败，则去掉被匹配字段中的最后一个汉字字符，对剩下的字符串重新进行匹配（即把去掉最后一个字的字符串与词典继续匹配），循环往复直到所有字段成功匹配。循环的终止条件是切分出最后一个词或者剩余匹配的字符串的长度为零。这样就完成了对具有 i 个字的字符串的分词处理操作，即完成了一轮匹配，然后取下一个具有 i 个字的字符串进行匹配处理，直到整个文档被处理完。

正向最大匹配法的算法描述如下。

① 在待切分的中文字符串中，从左向右取出 m 个字作为匹配字段，m 为词典中最长词的长度。

② 查找词典并进行匹配。若匹配成功，则将该匹配字段切分为词。反之去掉该

匹配字段的最后一个字，将剩余的字段作为新的匹配字段重新匹配。迭代该过程，直至切分出所有的词。

正向最大匹配法的匹配过程很好理解，但实际运用效果并不精准，主要原因如下。

- 不断维护词典是很困难的。词典并不是一成不变的，在信息爆炸时代，新词层出不穷，人工维护费时费力，且不能保证词典完全覆盖所有可能出现的词。因此，词典的不完整可能会对分词结果造成一定的影响。
- 执行效率不高。从正向最大匹配法的基本思想来看，一轮匹配的开始是找到具有最长词长度的字符串，然后按照粒度从大到小循环往复进行匹配，直到找到合适的匹配词，最后进行下一轮匹配。
- 无法很好地解决歧义问题。假定现有词典中最长词含有 5 个汉字字符，采用正向最大匹配法对“研究生命的起源”这句话进行分词。按照正向最大匹配法的基本思想，首先取出前 5 个字“研究生命的”在词典中进行匹配，发现词典中没有该词。然后将长度缩小，取前 4 个字“研究生命”进行匹配，词典中仍旧没有该词，继续缩减长度进行匹配，发现“研究生”这个词在词典中存在，即完成第一次匹配，于是该词被切分出来。接着重新取出要分词的字符串“命的起源”，按照同样的方式进行匹配，5 个字、4 个字、3 个字、2 个字都没有匹配成功，得到第二次匹配的结果“命”。继续重新取出字符串进行匹配切分，最终将“研究生命的起源”分为“研究生”“命”“的”“起源”4 个词。但结合语义发现这种分词结果并不正确，不是用户想要的。

下面是使用正向最大匹配法对“研究生命的起源”进行分词的代码。

```
#定义方法类
class MM(object):
    #初始化函数，读取词典并获取词典中最长词的长度
    def__init__ (self, dict_path):
        self.dictionary = set()
        self.maximum = 0
        #读取词典
        with open(dic_path, 'r', encoding = 'utf8') as f:
            for line in f:
                line = line.strip()
                if not line:
                    continue
```

```
                self.dictionary.add(line)
                self.maximum = len(line)
    #切词函数
    def MM_cut(self, text):
        #定义一个空列表保存分词结果
        result = []
        index = 0
        text_length = len(text)
        while text_length > index:
            for size in range(self.maximum + index, index, -1):
                piece = text[index: size]
                if piece in self.dictionary:
                    index = size - 1
                    break
            index += size
            result.append(piece)
       return result

def main():
    text = "研究生命的起源"
    dict_path = r"./data/imm_dic.utf8"
    tokenizer = MM(dict_path)
    print(tokenizer.MM_cut(text))

if __name__ == "__main__":
    main()
```

执行代码，分词结果如下。

```
['研究生', '命', '的', '起源']
```

4.2.2 逆向最大匹配法

逆向最大匹配法的基本原理和实现过程与正向最大匹配法类似，唯一不同的是分词的切分方向与正向最大匹配法相反。正向最大匹配法是从前向后进行匹配，而逆向最大匹配法是从后往前匹配。逆向最大匹配法是从被处理的文档的末尾开始扫描，每次选取最末端的 i 个汉字字符（i 为词典中最长词的长度）作为匹配词段，若匹配成功则进行下一个字符串的匹配，否则移除该匹配词段最前面的一个汉字，继续匹配。值得注意的是，逆向最大匹配法使用的分词词典为逆向词典，即词典中的每个词条都以逆序的方式存放。当然也不一定非得这么处理，因为是逆向匹配，所以得到的结果是逆向的，需要在最后将结果反过来。在实际应用中可以先将文档进行倒序处理，生成逆序文档，再根据逆序词典按照正向最大匹配法进行处理。

逆向最大匹配法与正向最大匹配法一样，都存在词典维护困难和算法执行效率不高的问题，但逆向最大匹配法比正向最大匹配法的分词结果的准确度要高。这是因为汉语中的偏正结构较多，从后向前匹配，可以适当提升精确度。例如前面的案例“研究生命的起源”，按照逆向最大匹配法，最终的切分结果得到“研究”“生命”“的”“起源”4个词。从语义来看，这个结果比正向最大匹配法的结果更符合实际。

下面是使用逆向最大匹配法对“研究生命的起源”进行分词的代码。

```
#定义方法类
class RMM(object):
    #初始化函数，读取词典并获取词典中最长词的长度
    def __init__(self, dict_path):
        self.dictionary = set()
        self.maximum = 0
        #读取词典
        with open(dic_path, 'r', encoding = 'utf8') as f:
            for line in f:
                line = line.strip()
                if not line:
                    continue
                self.dictionary.add(line)
                self.maximum = len(line)
    #切词函数
    def RMM_cut(self, text):
        result = ()
        index = len(text)
        while index > 0:
            word = None
            for size in range(self.maximum, 0, -1):
                if index - size < 0:
                    continue
                piece = text[(index - size):index]
                if piece in self.dictionary:
```

```
                    word = piece
                    result.append(word)
                    index -= size
                    break
            if word  is None:
                index -= 1
        return result[::-1]

def main():
    text = "研究生命的起源"
    dict_path = r"./data/imm_dic.utf8"
    tokenizer = RMM(dict_path)
    print(tokenizer.RMM_cut(text))

if __name__ == "__main__":
    main()
```

执行代码，分词结果如下。

```
["研究", "生命", "的", "起源"]
```

4.2.3　双向最大匹配法

双向最大匹配法是在正向最大匹配法和逆向最大匹配法两个算法的基础上延伸出来的，其基本思想是将正向最大匹配法得到的切分结果和逆向最大匹配法得到的切分结果进行比较，然后按照最大匹配原则，选取词数最少的结果作为最终结果。双向最大匹配法的操作步骤如下。

① 若正向最大匹配法和逆向最大匹配法的分词结果的词语数目不一致，则选取分词数量较少的那组分词结果作为最终结果。

② 若正向最大匹配法和逆向最大匹配法的分词结果的词语数目一致，则分以下两种情况考虑。

- 分词结果完全一样，则认为结果不具备任何歧义，即正向最大匹配法和逆向最大匹配法的分词结果皆可作为最终结果。
- 分词结果不一样，选取分词结果中单个汉字数目较少的那一组作为最终结果。

双向最大匹配法在中文文本分词中被广泛使用，且准确度较高。山姆和本杰明的研究结果表明：90.0%左右的中文文本按照正向最大匹配法和逆向最大匹配法得到的两种结果完全重合且正确；大约 9.0%的文本，采用两种方法得到的结果是不一致的，但其中必有一个是正确的（即歧义检测成功）；只有剩余不到 1.0%的中文文本使用正向最大匹配法和逆向最大匹配法得到的两种结果虽然一致但都是错的，或者使用两种方法得到的结果不同但两个都是错的（即歧义检测失败）。

下面是使用双向最大匹配法对“研究生命的起源”进行分词的代码。

```
#双向最大匹配法
class BiDIrectionMatching(object):
    #初始化函数，读取词典并获取词典中最长词的长度
    def __init__(self, dict_path):
        self.dictionary = set()
        self.maximum = 0

        #读取词典
        with open(dict_path, 'r', encoding = 'utf8') as f:
            for line in f:
                line = line.strip()
                if not line:
                    continue
                self.dictionary.add(line)
                if len(line)> self.maximum:
                    self.maximum = len(line)

    #正向最大匹配法。输入：text，是待分词文本。输出：result，是词列表
    def MM_cut(self, text):
        result = []
        index = 0
        while index < len(text):
            word = None
            for size in range(self.maximum, 0, -1):
                if len(text)-index < size:
                    continue
                piece = text[index:(index+size)]
                if piece in self.dictionary:
                    word = piece
                    result.append(word)
                    index += size
                    break
```

```
        if word is None:
            result.append(text[index])
            index += 1
    return result

#逆向最大匹配法。输入：text，是待分词文本。输出：result，是词列表
def RMM_cut(self, text):
    result = []
    index = len(text)
    while index > 0:
        word = None
        #从最长的词开始找
        for size in range(self.maximum, 0, -1):
        if index - size < 0:
                continue
            piece = text[(index - size):index]
            if piece in self.dictionary:
                word = piece
                result.append(word)
                index -= size
                break
        if word is None:
            result.append(text[index])
            index -= 1
    return result[::-1]

#双向最大匹配法
def BMM_cut(self, text):
    mm_tokens = self.MM_cut(text)
    print('正向最大匹配法得到的结果:', mm_tokens)
    rmm_tokens = self.RMM_cut(text)
    print('逆向最大匹配法得到的结果:', rmm_tokens)

    #两种分词结果词语数目不一样，取词量少的结果
    if len(mm_tokens)!= len(rmm_tokens):
        if len(mm_tokens)> len(rmm_tokens):
            return rmm_tokens
        else:
```

```
                return mm_tokens
        #两种分词结果词语数目不一样，分情况考虑
        elif len(mm_tokens) == len(rmm_tokens):
            #两种分词结果完全一致，任一都可
            if operator.eq(mm_tokens, rmm_tokens):
                return mm_tokens
            #两种分词不完全一致，比较词中的汉字数目
            else:
                mm_count, rmm_count = 0, 0
                for mm_tk in mm_tokens:
                    if len(mm_tk) == 1:
                        mm_count += 1
                for rmm_tk in rmm_tokens:
                    if len(rmm_tk) == 1:
                        rmm_count += 1

                #选择汉字数目少的结果
                if mm_count > rmm_count:
                    return rmm_tokens
                else:
                    return mm_tokens


def main():
    text = "研究生命的起源"
    dict_path = r"./data/imm_dic.utf8"
    tokenizer = BiDIrectionMatching(dict_path)
    print('双向最大匹配法得到的结果：',tokenizer.BMM_cut(text))

if __name__ == "__main__":
    main()
```

执行代码，结果如下。

```
正向最大匹配法得到的结果：['研究生', '命', '的', '起源']
逆向最大匹配法得到的结果：['研究', '生命', '的', '起源']
双向最大匹配法得到的结果： ['研究', '生命', '的', '起源']
```

基于规则的分词算法一般都比较高效且简单，但在网络发达的时代，词典的维护是一件耗时耗力的工程，词典很难覆盖到所有词。

4.3 统计分词

统计机器学习方法的研究与发展以及大规模语料库的建立，使很多基于统计模型的分词方法以及规则与统计方法相结合的分词技术相继被提出，并逐渐发展成为主流。

统计分词方法的基本思想是将每个词看作由字（字是词的最小单位）组成的，如果相连的字在大量的文本中都有出现，则说明这些相连的字有成词的可能性，出现的次数越多，其成词的概率越大。因此可以用字与字相邻出现的频率来反映成词的可靠度。对语料中相邻的各个字的组合进行频度统计，当组合的频度高于某一阈值时，便认为这些字的组合构成了一个词。

统计分词方法一般分为以下两个步骤。

① 建立统计语言模型。

② 对句子进行单词划分，然后对划分结果进行概率统计，获得概率最大的分词方式。这一步会使用到 CRF 和 HMM 等统计学习方法。

4.3.1 统计语言模型

统计语言模型是自然语言处理的基础，被广泛应用于机器翻译、语音识别、印刷体或手写体识别、拼音纠错、汉字输入和文献查询等。下面介绍 n 元模型的概念及使用方法。

假设 S 表示长度为 m 、由 $(w_1,w_2,\cdots,w_m)$ 序列组成的句子，则其概率分布为 $P(S)=P(w_1,w_2,\cdots,w_m)$，其中 $w_i(i\in[1,m])$ 表示文本中的第 i 个词语。采用链式法则计算词的概率，其公式可表示为

$$P(w_1,w_2,\cdots,w_m)=P(w_1)P(w_2\mid w_1)\cdots P(w_i\mid w_1,w_2,\cdots,w_{i-1})\cdots P(w_m\mid w_1,w_2,\cdots,w_{m-1})$$

从公式可知，每个字的出现都与之前出现过的字有关，整个句子 S 的概率为这些字出现的概率的乘积。但当文本过长时，等号右边从第三项开始，每一项的计算都有难度，这就使整个句子 S 的概率的计算难度很大。n 元模型的提出就是为了降低计算难度。

所谓 n 元模型，就是在计算该条件概率时，利用马尔可夫假设（即当前词只与最多前 $n-1$ 个有限的词相关），忽略距离大于等于 n 的前文词对当前词的影响，因此

$P(w_i \mid w_1, w_2, \cdots, w_{i_1})$可以简化为

$$P(w_i \mid w_1, w_2, \cdots, w_{i_1}) \approx P(w_i \mid w_{i-(n-1)}, \cdots, w_{i-1})$$

$n=1$时称为一元模型，表示出现在第i位的词w_i独立于前面的词。此时整个句子S的概率等于各个词出现的概率的乘积，可以表示为

$$P(S) = P(w_1, w_2, \cdots, w_m) = P(w_1)P(w_2)\cdots P(w_m) = \prod_{i=1}^{m} P(w_i)$$

在一元模型中，各个词之间是相互独立的，这样完全丢失了句子中词的次序信息，因此一元模型的实现效果并不理想。

$n=2$时称为二元模型，表示出现在第i位的词w_i仅与它前面的一个词w_{i-1}有关。二元模型又被称为一阶马尔可夫链，可以表示为

$$P(w_1, w_2, \cdots, w_m) = \prod_{i=1}^{m} P(w_i \mid w_{i-1})$$

$n=3$时称为三元模型，表示出现在第i位的词w_i仅与它前面的两个历史词w_{i-2}和w_{i-1}有关。三元模型又被称为二阶马尔可夫链，可以表示为

$$P(w_1, w_2, \cdots, w_m) = \prod_{i=1}^{m} P(w_i \mid w_{i-2}, w_{i-1})$$

在实际应用中，一般使用频率计数的比例来计算n元条件概率，可以表示为

$$P(w_i \mid w_{i-(n-1)}, \cdots, w_{i-1}) = \frac{\text{count}(w_{i-(n-1)}, \cdots, w_{i-1}, w_i)}{\text{count}(w_{i-(n-1)}, \cdots, w_{i-1})}$$

其中，$\text{count}(w_{i-(n-1)}, \cdots, w_{i-1})$表示词语$w_{i-(n-1)}, \cdots, w_{i-1}$在语料库中出现的总次数。

由此可见，当$n \geqslant 2$时，n元模型可以保留一定的词序信息，且n越大，模型所保留的词序信息越丰富，但同时计算量也呈指数级增长。与此同时，越长的文本序列出现的次数也会越少，如果使用频率计数的比例来估计n元条件概率，则有可能出现频率计数（即分子分母）为零的情况。因此，在n元模型的使用过程中一般会加入拉普拉斯平滑等算法来避免出现这种情况。

4.3.2 HMM

HMM 将分词看作字在句子中的序列标注任务，其基本思想是每个字在构造一个特定词语时都占据特定的位置（即词位）。从中文分词角度理解，HMM 是一个五元组，

其中包含以下内容。

① StatusSet：状态值集合。

② ObservedSet：观察值集合。

③ InitStatus：初始状态概率分布。

④ TransProbMatrix：转移概率矩阵。

⑤ EmitProbMatrix：发射概率矩阵。

针对中文分词，状态值集合和观察值集合的解释说明如下。

状态值集合为（B, M, E, S），表示 4 种状态，每种状态代表的是该字在词语中的位置，B（Begin）代表该字是词语中的起始字，M（Middle）代表该字是词语中的中间字，E（End）代表该字是词语中的结束字，S（Single）则代表该字单字成词。观察值集合是由各种标点符号等非中文字符及所有汉字组成的集合。使用 HMM 进行中文分词时，模型输入的是观察值序列（如一个句子），输出的则是这个句子中每个字的状态值（即状态值序列）。

例如观察值序列为“小明硕士毕业于中国科学院研究所。”，其输出序列状态为“BEBEBESBEBMEBMES”。根据这个状态序列进行分词，得到“BE/BE/BE/S/BE/BME/BME/S”，因此观察值序列的分词结果为“小明/硕士/毕业/于/中国/科学院/研究所/。”。

同时需要注意，B 后面只可能接 M 或 E，不可能接 B 或 S，M 后面也只可能接 M 或 E，不可能接 B 或 S。

HMM 中五元组的关系是通过维特比算法串起来的，观察值序列是维特比的输入，状态值序列是维特比的输出，维特比算法中的输入和输出之间还需要借助初始状态概率分布、转移概率矩阵和发射概率矩阵 3 个模型参数。前面介绍了状态值集合和观察值集合，下面介绍剩余的 3 个模型参数。

① 初始状态概率分布：表示句子的第一个字属于 B、E、M、S 这 4 种状态的概率。实际上，句子开头的第一个字只可能是词语的首字（状态为 B）或者是单独成词（状态为 S），不可能是词语的中间（状态为 M）或结尾（状态为 E）。

② 转移概率矩阵：是马尔可夫链很重要的一个知识点。马尔可夫链最大的特点就是当前 $T=i$ 时刻的状态 $\text{Status}(i)$，只和 $T=i$ 时刻之前的 n 个状态有关。引入有限性假设（即马尔可夫链 $n=1$），将问题简化为 $T=i$ 时刻的状态 $\text{Status}(i)$ 只与上一时刻的状态 $\text{Status}(i-1)$ 有关。转移概率矩阵其实就是一个 4×4（4 就是状态值集合{B, M, E, S}的

大小）的二维矩阵，矩阵的横纵坐标顺序均是 BMES。此外，由 4 种状态各自的含义可知，状态 B 的下一个状态只可能是 M 或 E，不可能是 B 或 S，所以不可能的转移对应的概率都是 0。

③ 发射概率矩阵：发射概率本质上也是一个条件概率，根据 HMM 中的独立观察假设（即假设每个字的输出仅与当前字有关）可知，观察值取决当前状态值，即 $P(\text{Observed}[i],\text{Status}[j]) = P(\text{Status}[j])^{*}\ \ P(\text{Observed}[i]\,|\,\text{Status}[j])$，其中 $P(\text{Observed}[i]\,|\,\text{Status}[j])$ 就是从发射概率矩阵中获取的。

用数学抽象表示：令 $\lambda = \lambda_1,\lambda_2,\cdots,\lambda_n$ 表示输入的句子，其中，n 表示句子长度，λ 表示句子中的字（包括标点符号等非中文字符）；令 $o = o_1,o_2,\cdots,o_n$ 表示输出的标签，o 即 B、M、E、S 这 4 种标记符号之一。则理想的输出为 $P(o_1,o_2,\cdots,o_n\,|\,\lambda_1,\lambda_2,\cdots,\lambda_n)$ 最大，即

$$\max = \max P(o_1,o_2,\cdots,o_n\,|\,\lambda_1,\lambda_2,\cdots,\lambda_n)$$

值得注意的是，$P(o\,|\,\lambda)$ 是关于 $2n$ 个变量的条件概率，且 n 的值不固定，因此该条件概率的计算量很大。为了简化对 $P(o\,|\,\lambda)$ 的计算，引入独立观察假设。由此得到

$$P(o_1,o_2,\cdots,o_n\,|\,\lambda_1,\lambda_2,\cdots,\lambda_n) = P(o_1\,|\,\lambda_1)P(o_2\,|\,\lambda_2)\cdots P(o_n\,|\,\lambda_n)$$

相对来说，对 $P(o_n\,|\,\lambda_n)$ 的计算要简单很多，因此独立观察假设的引入可以简化目标问题，使计算量大大减少。但该方法完全没有考虑上下文信息，因此极易出现不合理的情况，例如可能会得到 BBB、BEM 等不合理的输出。

HMM 针对上述问题进行了改进，通过贝叶斯公式计算 $P(o\,|\,\lambda)$，即

$$P(o\,|\,\lambda) = \frac{P(o,\lambda)}{P(\lambda)} = \frac{P(\lambda\,|\,o)P(o)}{P(\lambda)}$$

其中，λ 为给定的输入，因此 $P(\lambda)$ 是已知的，因此最大化 $P(o\,|\,\lambda)$ 问题可以等价于最大化 $P(\lambda\,|\,o)P(o)$。对 $P(\lambda\,|\,o)P(o)$ 进行马尔可夫假设，得到

$$P(\lambda\,|\,o) = P(\lambda_1\,|\,o_1)P(\lambda_2\,|\,o_2)\cdots P(\lambda_n\,|\,o_n)$$

同时

$$P(o) = P(o_1)P(o_2\,|\,o_1)P(o_3\,|\,o_2,o_1)\cdots P(o_n\,|\,o_1,o_2,\cdots,o_{n-1})$$

对 $P(o)$ 进行齐次马尔可夫假设，即每个输出仅与上一个输出有关，则

$$P(o) = P(o_1)P(o_2\,|\,o_1)P(o_3\,|\,o_2)\cdots P(o_n\,|\,o_{n-1})$$

所以

$$P(\lambda|o)P(o) \sim P(o_1)P(\lambda_1|o_1)P(o_2|o_1)P(\lambda_2|o_2)P(o_3|o_2)\cdots P(o_n|o_{n-1})P(\lambda_n|o_n)$$

在 HMM 中，$P(\lambda_n|o_n)$ 被称为发射概率，$P(o_n|o_{n-1})$ 被称为转移概率。设置某些 $P(o_n|o_{n-1})=0$，可以排除类似 BBB、BEM 等不合理的输出组合。

HMM 可以用于解决以下 3 种问题。

① 在参数状态值集合、转移概率矩阵、发射概率矩阵和初始状态概率分布已知的情况下，求解观察值序列。（常用的求解算法是向前–向后算法）

② 在参数观察值集合、转移概率矩阵、发射概率矩阵和初始状态概率分布已知的情况下，求解状态值序列。（常用的求解算法是维特比算法）

③ 在参数观察值集合已知的情况下，求解转移概率矩阵、发射概率矩阵和初始状态概率分布。（常用的求解算法是鲍姆–韦尔奇算法）

使用 HMM 进行中文分词时，将中文分词问题转化为求解 $\max P(\lambda|o)P(o)$ 后，常使用维特比算法来求解。维特比算法是一种动态规划的方法，其基本思想是，如果最短路径经过某一个节点 o_i，那么从初始节点到当前节点的前一个节点 o_{i-1} 的路径也是最短的，因为每一个节点 o_i 只会影响它前一个节点和后一个节点[即 $P(o_{i-1}|o_i)$ 和 $P(o_i|o_{i+1})$]。所以可以用递推的方法，选择节点时只用考虑上一个节点的所有最优路径，然后与当前节点路径结合，逐步找出最优路径。这样每一步计算不超过 l^2 次，求解 l（候选数目最多的节点 o_i 的候选数目）/ n，就可以逐步找到最短路径，由此维特比算法的效率是 $O(n*l^2)$，这是非常高的效率。HMM 状态转移的示意如图 4-1 所示。

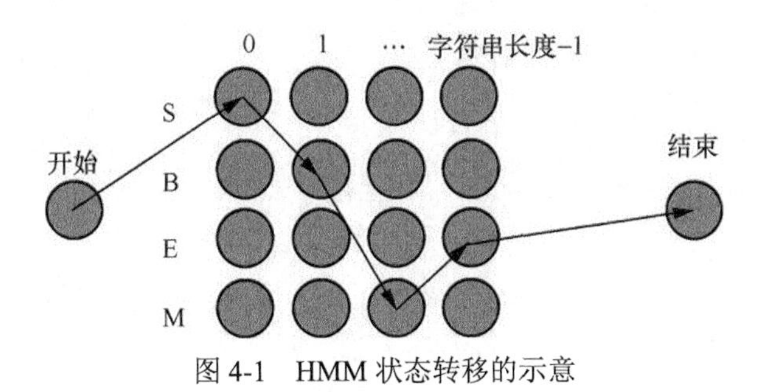

图 4-1 HMM 状态转移的示意

下面使用 Python 语言来实现 HMM，并将其封装成一个名为 HMM 的类。

```
'''
HMM
'''
```

```
class HMM(object):
    #初始化参数
    #初始化一些全局信息和一些成员变量，如状态值集合、存取概率计算的中间文件等
    def __init__(self):
        import os
        #主要用于存取算法中间结果，不用每次都训练模型
        self.model_file = './data/hmm_model.pkl'
        #状态值集合
        self.state_list = ['B', 'M', 'E', 'S']
        #参数加载，用于判断是否需要重新加载model_file
        self.load_para = False


    """
用于加载已计算的中间结果，当重新训练时，需要初始化结果，接收一个用于判别是否已加载中间文件结果的参数。当中间文件结果是直接加载时，不需要通过语料库再次训练中间文件结果，直接进行分词调用；当中间文件结果未被加载时，该函数会将初始状态概率、转移概率和发射概率等信息初始化
    """
    def try_load_model(self, trained):
        if trained:
            import pickle
            with open(self.model_file, 'rb') as f:
                self.A_dic = pickle.load(f)
                self.B_dic = pickle.load(f)
                self.Pi_dic = pickle.load(f)
                self.load_para = True

        else:
            #状态转移概率（状态->状态的条件概率）
            self.A_dic = {}
            #发射概率（状态->词语的条件概率）
            self.B_dic = {}
            #初始状态概率
            self.Pi_dic = {}
            self.load_para = False


    """
计算转移概率、发射概率以及初始状态概率
```

```
在 HMM 中，train()函数的作用是通过给定的分词语料进行训练，即对语料进行统计，得到 HMM 求解时需要的初始状态概率、转移概率和发射概率。给定的语料要有一定的格式，即每行一句话（用逗号分隔的也算一句话），且每句话中的词以空格分隔。下面采用的是《人民日报》的分词语料，详见本书配套资料 chapter4 / data/trainCorpus.txt_utf8。
输入：path，训练材料路径
    """
    def train(self, path):
        #重置几个概率矩阵
        self.try_load_model(False)

        #统计状态出现的次数，求 p(o)
        Count_dic = {}

        #初始化参数
        def init_parameters():
            for state in self.state_list:
                self.A_dic[state] = {s: 0.0 for s in self.state_list}
                self.Pi_dic[state] = 0.0
                self.B_dic[state] = {}

                Count_dic[state] = 0

        #方法：给训练材料中的每个词进行 BMES 标注
        #输入：text，是一个词
        #输出：out_text，输出一个 BMES 列表
        def makeLabel(text):
            out_text = []
            if len(text) == 1:
                out_text.append('S')
            else:
                out_text += ['B'] + ['M'] * (len(text)- 2) + ['E']
            return out_text

        init_parameters()
        line_num = -1
        #观察者集合，主要是存储字和标点等
        words = set()
        with open(path, encoding='utf8') as f:
```

```
            for line in f:
                line_num += 1

                line = line.strip()
                if not line:
                    continue

                word_list = [i for i in line if i != ' ']
                #更新字的集合
                words |= set(word_list)

                linelist = line.split()

                line_state = []
                for w in linelist:
                     line_state.extend(makeLabel(w))

                assert len(word_list) == len(line_state)

                for k, v in enumerate(line_state):
                    Count_dic[v] += 1
                    if k == 0:
                        #每个句子第一个字的状态，用于计算初始状态概率
                        self.Pi_dic[v] += 1
                    else:
                        #计算转移概率
                        self.A_dic[line_state[k - 1]][v] += 1
                        #计算发射概率
                        self.B_dic[line_state[k]][word_list[k]]  =  self.B_dic
[line_state[k]].get(word_list[k], 0) + 1.0

        self.Pi_dic = {k: v * 1.0 / line_num for k, v in self.Pi_dic.items()}
        #加 1 平滑
        self.A_dic = {k: {k1: v1 / Count_dic[k] for k1, v1 in v.items()} for k, v in
self.A_dic.items()}
        #序列化
        self.B_dic = {k: {k1: (v1 + 1) / Count_dic[k] for k1, v1 in v.items()} for k,
v in self.B_dic.items()}
```

```
        import pickle
        with open(self.model_file, 'wb') as f:
            pickle.dump(self.A_dic, f)
            pickle.dump(self.B_dic, f)
            pickle.dump(self.Pi_dic, f)

        return self


    '''
    用维特比算法寻找最优路径，即最可能的分词方案。
```

在 HMM 中，cut()函数通过加载中间文件并调用 veterbi()函数来实现分词功能。viterbi()函数是对维比特算法的实现，是基于动态规划方法求最大概率的路径（即最可能的分词方案）。viterbi()函数的输入参数较多，text 表示待切分的文本，states 表示状态集，start_p 表示初始状态概率，trans_p 表示转移概率，emit_p 表示发射概率。该函数会输出两个结果，一个名为 prob 表示概率，另一个名为 path 表示划分方案。

```
        '''
    def viterbi(self, text, states, start_p, trans_p, emit_p):
        V = [{}]  #路径图
        path = {}

        #结合第一个字是各状态的可能性，初始化第一个字
        for y in states:
            V[0][y] = start_p[y] * emit_p[y].get(text[0], 0)
            path[y] = [y]

        #获取每一个字
        for t in range(1, len(text)):
            V.append({})
            newpath = {}

            #检验训练的发射概率矩阵中是否有该字
            neverSeen = text[t] not in emit_p['S'].keys() and \
                        text[t] not in emit_p['M'].keys() and \
                        text[t] not in emit_p['E'].keys() and \
                        text[t] not in emit_p['B'].keys()
            #确认每个字的每个状态的概率
```

```
            for y in states:
                #设置未知字单独成词
                emitP = emit_p[y].get(text[t], 0) if not neverSeen else 1.0
                #y0 是上一个字可能的状态，再计算当前字最可能的状态，prob 则是最大可能
                #state 是上一个字的状态
                (prob, state) = max(
                    [(V[t - 1][y0] * trans_p[y0].get(y, 0) * emitP, y0) for y0
in states if V[t - 1][y0] > 0])
                V[t][y] = prob
                #更新路径
                newpath[y] = path[state] + [y]
            path = newpath

        #最后一个字是一组词语中一部分的概率大于单独成词的概率
        if emit_p['M'].get(text[-1], 0) > emit_p['S'].get(text[-1], 0):
            (prob, state) = max([(V[len(text) - 1][y], y) for y in ('E', 'M')])
        #否则就直接选择最大可能的那条路径
        else:
            (prob, state) = max([(V[len(text) - 1][y], y) for y in states])

        return (prob, path[state])

    #用维特比算法分词，并输出结果，text 表示待分词的文本
    def cut(self, text):
        import os
        if not self.load_para:
            self.try_load_model(os.path.exists(self.model_file))
        prob, pos_list = self.viterbi(
            text, self.state_list, self.Pi_dic, self.A_dic, self.B_dic)
        begin, next = 0, 0
        for i, char in enumerate(text):
            pos = pos_list[i]
            if pos == 'B':
                begin = i
            elif pos == 'E':
                yield text[begin: i + 1]
                next = i + 1
            elif pos == 'S':
```

```
                yield char
                next = i + 1
        if next < len(text):
            yield text[next:]
```

至此完成了 HMM 的实现，接下来测试该类的分词功能，如测试“研究生命的起源”这句话的分词结果。测试代码如下。

```
hmm = HMM()
path = r"./data/trainCorpus.txt_utf8"
hmm.train(path)

text = '研究生命的起源'
res = hmm.cut(text)
print(text)
print(str(list(res)))
```

测试结果如下。

```
原文本：研究生命的起源
分词结果： ['研究', '生命', '的', '起源']
```

观察测试结果，可以发现分词效果还不错。本案例演示的 HMM 的实现较为简单，训练时并未采用大规模的语料库。在实际应用中，我们需要根据实际情况进行优化，如扩充语料、补充词典等。

4.3.3 其他统计分词算法

除 HMM 外，CRF 也是一种经典的统计分词方法，且 CRF 是基于马尔可夫思想的一种统计模型。HMM 中的经典假设——每个状态只与它前面的状态有关，可能会导致结果出现偏差。CRF 算法不仅认为每个状态会与它前面的状态有关，还认为每个状态与它后面的状态有关。后续内容中会详细介绍 CRF 算法，本小节不重点介绍。

随着中文分词技术的发展，越来越多的分词方法被学者提出和应用。神经网络分词算法是深度学习在自然语言处理中的应用，其基本思想是首先采用卷积神经网络（CNN）、长短期记忆（LSTM）神经网络等适用于深度学习领域的神经网络自动发现中文文本的模式和特征，然后结合 CRF、Softmax 等分类算法进行分词预测。

与规则分词方法相比，统计分词方法不需要费时费力地维护词典，且能够较好地处理未登录词和歧义词，是目前较为主流的中文分词方法。但统计分词方法也有缺点，例如它的效果依赖于训练语料库的质量，需要花费时间对训练语料库进行训练，因此相对来说统计分词方法的计算量要比规则分词方法大。

4.4 混合分词

中文分词的算法有很多，事实上，不管是规则分词方法中的正向最大匹配法、逆向最大匹配法、双向最大匹配法，还是统计分词方法中的统计语言模型、HMM、CRF模型或者深度学习模型，这些方法在具体分词任务中的效果很相近，差距并不大。在实际工程应用时，经常会采用一种分词方法为主、其他分词方法为辅的混合分词方法，这样不仅可以保证分词的精确度，也可以较好地对未登录词和歧义词进行识别。

4.5 jieba 高频词的提取

4.5.1 jieba 的 3 种分词模式

jieba 提供了以下 3 种不同的分词模式，用户可根据实际需要进行选择。

① 全模式：将句子中所有可以成词的词语都扫描出来。其优点是速度非常快，缺点是不能解决歧义问题。

② 精确模式：试图精确地将句子切开，适用于文本分析。

③ 搜索引擎模式：基于精确模式，对长词进行再次切分，从而提高召回率，适用于搜索引擎分词。

下面通过简单的代码介绍 3 种分词模式的使用，并对结果进行对比。

```
import jieba
str = "分词准确性对搜索引擎来说十分重要"
cut_str1 = jieba.cut(str,cut_all = True)
print("全模式结果：","/".join(cut_str1))
cut_str2 = jieba.cut(str, cut_all = False)
print("精确模式结果：","/".join(cut_str2))
cut_str3 = jieba.cut(str)
print("默认模式结果：","/".join(cut_str3))
cut_str4 = jieba.cut_for_search(str)
```

```
print("搜索引擎模式结果：","/".join(cut_str4))
```

使用各种分词模式的结果如下。

```
全模式结果：分词/准确/准确性/对/搜索/搜索引擎/索引/引擎/来说/十分/重要
精确模式结果：分词/准确性/对/搜索引擎/来说/十分/重要
默认模式结果：分词/准确性/对/搜索引擎/来说/十分/重要
搜索引擎模式结果：分词/准确/准确性/对/搜索/索引/引擎/搜索引擎/来说/十分/重要
```

通过观察结果可以发现，jieba 默认分词模式是精确模式，在全模式和搜索引擎模式下，jieba 会把分词的所有可能都打印出来。一般直接使用精确模式即可，但是全模式或搜索引擎模式更适合在一些模糊匹配场景下使用。

4.5.2　高频词的提取实战

高频词是指在文档中出现频率较高且有用的词语，从某种意义上说，高频词代表文档的焦点。对于单篇文档，高频词可以被理解为关键词。对于多篇文档，如新闻等，高频词可以被视为热词，用于发现舆论焦点。

采用自然语言处理中的词频（TF）策略可以提取高频词。提取高频词时通常要排除一些干扰，其中主要有以下干扰项。

① 标点符号。标点符号对于文档焦点来说没有价值，需要将其提前去除。

② 停用词。文档经常会使用“了”“的”“是”等词，这些词对文档焦点并没有太大的意义，需要将其剔除。

下面的案例是针对朱自清的《背影》部分内容统计高频词。

首先定义 get_content()函数，加载指定路径下的数据。

```
def get_content(path):
    with open(path, 'r', encoding='utf8', errors='ignore') as f:
        content = ""
        for line in f:
            line = line.strip()
            content += line
        return content
```

然后定义 get_TF()函数，统计高频词。该函数的输入是一个词数组，默认返回前 10 个高频词。

```
def get_TF(words, topK = 10):
```

```
    #定义词典，用于统计词及其出现次数
    tf_dic = {}
    for w in words:
        tf_dic[w] = tf_dic.get(w,0) + 1
    #根据出现次数进行逆向排序
    sorted_words = sorted(tf_dic.items(), key = lambda x: x[1], reverse = True)
    #返回出现次数最多的 topK 个词
    return sorted_words[:topK]
```

最后书写主函数。

```
def main():
    import glob
    import random
    import jieba

    #glob.glob:匹配所有符合条件（可使用通配符）的文件，并将其以列表的形式返回
    files = glob.glob('../data/news/*.txt')
    #读取每个文件的内容
    corpus = [get_content(x)for x in files]
    #随机生成一个数字作为文件索引，以便后续使用。相当于随机挑选了一个文件
    sample_inx = random.randint(0, len(corpus))
    split_words = list(jieba.cut(corpus[sample_inx]))
    print("样本示例：", corpus[sample_inx])
    print("分词结果：", '/'.join(split_words))
    print("未使用停用词得到的前 topK 个词：", str(get_TF(split_words)))
```

运行主函数，结果如下。

```
样本之一:我与父亲不相见已二年余了，我最不能忘记的是他的背影。那年冬天，祖母死了，父亲的差使也交卸了，正是祸不单行的日子，我从北京到徐州，打算跟着父亲奔丧回家。到徐州见着父亲，看见满院狼藉的东西，又想起祖母，不禁簌簌地流下眼泪。父亲说，事已如此，不必难过，好在天无绝人之路！回家变卖典质，父亲还了亏空；又借钱办了丧事。这些日子，家中光景很是惨淡，一半为了丧事，一半为了父亲赋闲。丧事完毕，父亲要到南京谋事，我也要回北京念书，我们便同行。到南京时，有朋友约去游逛，勾留了一日；第二日上午便须渡江到浦口，下午上车北去。父亲因为事忙，本已说定不送我，叫旅馆里一个熟识的茶房陪我同去。他再三嘱咐茶房，甚是仔细。但他终于不放心，怕茶房不妥帖；颇踌躇了一会。其实我那年已二十岁，北京已来往过两三次，是没有甚么要紧的了。他踌躇了一会，终于决定还是自己送我去。我两三回劝他不必去；他只说，不要紧，他们去不好！1925 年 10 月在北京。
样本分词效果：我/与/父亲/不/相见/已/二年/余/了/，/我/最/不能/忘记/的/是/他/的/背影/。/那年/冬天/，/祖母/死/了/，/父亲/的/差使/也/交卸/了/，/正是/祸不单行/的/日子/，/我/从/北京/到/徐州/，/打算/跟着/父亲/奔丧/回家/。/到/徐州/见/着/父亲/，/看见/满院/狼藉/的/东西/，/又/想起/
```

```
祖母/，/不禁/簌簌/地/流下/眼泪/。/父亲/说/，/事已如此/，/不必/难过/，/好/在/天无绝人之路/！/
回家/变卖/典质/，/父亲/还/了/亏空/；/又/借钱/办/了/丧事/。/这些/日子/，/家中/光景/很/是/惨
淡/，/一半/为了/丧事/，/一半/为了/父亲/赋闲/。/丧事/完毕/，/父亲/要/到/南京/谋事/，/我/也/
要/回/北京/念书/，/我们/便/同行/。/到/南京/时/，/有/朋友/约/去/游逛/，/勾留/了/一日/；/第二
日/上午/便须/渡江/到/浦口/，/下午/上车/北/去/。/父亲/因为/事忙/，/本已/说定/不/送/我/，/叫/
旅馆/里/一个/熟识/的/茶房/陪/我/同去/。/他/再三/嘱咐/茶房/，/甚/是/仔细/。/但/他/终于/不/放
心/，/怕/茶房/不/妥帖/；/颇/踌躇/了/一会/。/其实/我/那年/已/二十岁/，/北京/已/来往/过/两三
次/，/是/没有/甚么/要紧/的/了/。/他/踌躇/了/一会/，/终于/决定/还是/自己/送/我/去/。/我/两三
回/劝/他/不必/去/；/他/只/说/，/不要紧/，/他们/去/不好/！/1/9/2/5/年/1/0/月/在/北京/。
```

观察结果发现，返回的前 10 的高频词中有“，”“。”“的”等，这些词和符号对发现文章焦点并无指导意义。因此需要自定义一个停用词词典，将这些词提前过滤掉。

首先将停用词整理成一个停用词典（包括数字、标点符号等）。在通常情况下，将停用词写入一个文件（如文本文件）中，每个停用词占用文件中的一行。本案例整理好的停用词文件位于书籍配套资料 chapter4/data/stop_words.utf8 中（需要注意的是，该文档中的停用词是通用的停用词典，在实际问题应用中，用户需要根据自己的任务进行停用词典的维护）。下面定义 stop_words()函数，从文件中读取停用词。

```
def stop_words(path):
    with open(path, 'r', encoding='utf8', errors='ignore') as f:
        stopwords = [line.strip() for line in f.readlines()]
    return stopwords
```

接下来在主函数结尾添加以下两行代码（此处没有直接修改代码，而是采用添加代码的方式对使用停用词前后的结果进行了对比）。

```
split_words2 = [x for x in jieba.cut(corpus[sample_inx]) if x not in
stop_words('../data/stop_words.utf8')]
print("使用停用词后得到的前 topK 个词：", str(get_TF(split_words2)))
```

使用停用词前后的前 10 个高频词如下。

```
未使用停用词得到的前 topK 个词： [('，', 31), ('。', 13), ('我', 9), ('父亲', 9), ('了
', 9), ('的', 7), ('他', 6), ('到', 5), ('去', 5), ('不', 4)]
使用停用词后得到的前 topK 个词： [('父亲', 9), ('北京', 4), ('丧事', 3), ('茶房', 3),
('那年', 2), ('祖母', 2), ('日子', 2), ('徐州', 2), ('回家', 2), ('不必', 2)]
```

对比使用停用词前后的结果可以发现：去除停用词后，得到的高频词对发现文档焦点更具有指导意义。

上面的案例在提取高频词的过程中使用的是 jieba 自带的常规词典。一般情况下，

使用常规词典就可以得到用户想要的分词结果。但在某些特定场景下，常规词典不够用，这时用户需要自定义词典，以改善分词的效果。jieba 提供了加载用户自定义词典的功能，使用方法如下。

```
jieba.load_userdict('../data/user_dict.utf8')
```

jieba 要求用户自定义词典的每一行只能有一个词，其中包含词语、词频（可省略）、词性（可省略）3 个部分。这 3 个部分用空格隔开，顺序不可调整，格式如下。

```
大数据 5 n
朝三暮四 3 i
杰克 nz
人工智能
```

在自然语言处理的实际应用（如提取高频词）中，用户要根据实际情况选择合理的词典和停用词典。在很多情况下，用户都需要自定义词典和停用词典，以此获得更好的应用效果。上述案例展示的是语料库中某一篇文档的高频词提取，多篇文档的处理思路与一篇文档的处理思路类似，读者可自行尝试。

4.6 本章小结

通过本章的学习，读者可以了解到，中文分词是中文文本处理的一个基础步骤，也是中文自然语言交互的基础模块。不同于英文的是，中文句子中没有词的界限，因此在进行中文自然语言处理时，通常需要先进行分词，分词效果将直接影响词性、句法树等模块的效果。

第5章 jieba词性标注

词性标注也称为语法标注或词类消疑，是语料库语言学中将语料库内单词的词性按其含义和上下文内容进行标记的文本数据处理技术。

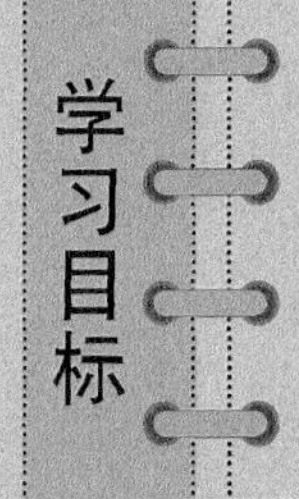

- 了解词性标注的基本概念。
- 掌握词性标注的常用方法。
- 掌握 jieba 分词中词性标注的流程。

5.1 词性标注简介

词性，也称为词类，是词汇的基本语法属性，用于描述词在上下文中的作用。词性标注是对句子中的每个词给出合适的词性标签，如名词、动词、形容词等。例如，句子“小明硕士毕业于中国科学院研究所”，对其进行词性标注的结果是：“小明/人名 硕士/名词 毕业/动词 于/介词 中国科学院/机构名词 研究所/名词”。词性标注是自然语言处理中的重要技术之一，自然语言处理的很多应用如句法分析、词汇获取、信息抽取等都离不开词性标注。

中文的特点是，缺乏严格意义上的形容标志和形态变化，中文词性标注的困难如下。

- 中文缺少词的形态变化，无法直接从词的形态识别词性。
- 一词多词性很常见。在中文中，词的词性在很多时候不是固定的。一般表现为在不同的语言场景下，同音同形的词的语法属性完全不同，这给词性标注增加了难度。如“研究”既可以是名词（“基础性研究”），也可以是动词（“研究中文分词”）。据统计，中文中一词多词性的概率高达 22.5%，且越是常用的词，多词性现象越严重。
- 词性划分标准不统一。人们对词性的划分粒度和标记符号，还没有普遍认可的统一标准。词性划分粒度和标记符号的不统一，以及分词规范的模糊，都增加了词性标注的难度。
- 未登录词问题。未登录词并未在词典中收录，人们不能通过查找词典的方式获取其词性，需要通过 HMM 或 CRF 等统计方法来识别未登录词以及进行词性标注。

词性标注最简单的方法是统计语料库中每个词的词性，将该词的高频词性作为其默认词性，但这种方法具有很大的缺陷。目前主流的词性标注方法是，首先将句子的词性标注问题转化为序列标注问题，然后使用 HMM、CRF 等进行问题求解。

5.2 词性标注规范

词有很多词性，如名词、形容词、代词、动词等，词性标注要依据一定的规范，将词的词性表示为“n”“adj”“r”“v”等符号。中文词性多样，表示方法也各有不同，目前尚无统一的标注规范。北京大学词性标注集和美国宾夕法尼亚大学中文树库词性标注集是较为流行的两大类规范，其各有所长。本书将北京大学词性标注集作为标注规范，其部分展示见表 5-1。

表 5-1 北京大学词性标注集的部分展示

标记	词性	说明
a	形容词	取英文形容词（adjective）的第一个字母
ag	形语素	形容词性语素。形容词代码为 a，语素代码 g 前面置以 a
ad	副形词	直接作状语的形容词。形容词代码 a 和副词代码 d 合并在一起
an	名形词	具有名词功能的形容词。形容词代码 a 和名词代码 n 合并在一起
b	区别词	取汉字“别”的声母
c	连词	取英文连词（conjunction）的第一个字母
dg	副语素	副词性语素。副词代码为 d，语素代码为 g 前面置以 d
d	副词	取英文副词（adverb）的第二个字母，因为其第一个字母已用于形容词
e	叹词	取英文叹词（exclamation）的第一个字母
f	方位词	取汉字“方”的声母
g	语素	绝大多数语素能作为合成词的“词根”，取汉字“根”的声母
h	前接成分	取英语 head 的第一个字母
i	成语	取英语成语（idiom）的第一个字母
j	简称略语	取汉字“简”的声母
k	后接成分	—
l	习用语	习用语尚未成为成语，有点“临时性”，取汉字“临”的声母
m	数词	取英语 numerical 的第三个字母，因为 n 和 u 已有他用
ng	名语素	名词性语素。名词代码为 n，语素代码 g 前面置以 n
n	名词	取英文名词（noun）的第一个字母
nr	人名	名词代码 n 和汉字“人”的声母合并在一起
ns	地名	名词代码 n 和处所词代码 s 合并在一起
nt	机构团体	汉字“团”的声母为 t，名词代码 n 和 t 合并在一起
nz	其他专名	汉字“专”的声母的第一个字母 z，名词代码 n 和 z 合并在一起
o	拟声词	取英文拟声词（onomatopoeia）的第一个字母
p	介词	取英文介词（preposition）的第一个字母
q	量词	取英文 quantity 的第一个字母

续表

标记	词性	说明
r	代词	取英文代词（pronoun）的第二个字母，因为 p 已用于介词
s	处所词	取英文 space 的第一个字母
tg	时语素	时间词性语素。时间词代码为 t，在语素代码 g 前面置以 t
t	时间词	取英文 time 的第一个字母
u	助词	取英文助词（auxiliary）的第二个字母，因为 a 已用于形容词
vg	动语素	动词性语素。动词代码为 v，在语素代码 g 前面置以 v
v	动词	取英文动词（verb）的第一个字母
vd	副动词	直接作状语的动词。动词和副词的代码合并在一起
vn	名动词	指具有名词功能的动词。动词和名词的代码合并在一起
w	标点符号	—
x	非语素字	非语素字只是一个符号，字母 x 通常用于代表未知数、符号
y	语气词	取汉字“语”的声母
z	状态词	取汉字“状”的声母的第一个字母

5.3 jieba 分词中的词性标注

jieba 分词的词性标注过程类似于 jieba 分词的分词过程，都是采用规则方法和统计方法结合的方式。jieba 在词性标注的过程中采用词典匹配和 HMM 共同作用的方式，具体使用流程如下。

① 采用正则表达式进行汉字判断。正则表达式如下。

```
re_han_internal = re.compile("([\u4E00-\u9FD5a-zA-Z0-9+#&\._]+)")
```

② 若满足上述正则表达式即判定为汉字，先基于前缀词典构建有向无环图，再基于有向无环图求取最大概率路径，同时在前缀词典中找出分出的词的词性。若在前缀词典中找不到分出的词的词性，则使用“x”标记，代表其词性未知。若待标注词为未登录词，则使用 HMM 进行词性标注。

③ 若不满足上述正则表达式，则继续通过正则表达式进行类型判断，分别用“x”、“m”（数词）和“eng”（英文）标记。

使用 HMM 进行中文分词时，会使用“B”“M”“E”“S” 4 种状态标记每个字。jieba 采用联合模型进行词性标注，即将基于字标注的分词方法和词性标注结合起来，使用复合标注集。例如，“中文”是一个名词，词性标注为“n”，而使用 HMM 对其进行分词，标注的状态序列为“BE”，因此“中”的标注是“B_n”，“文”的标注是“E_n”。因此使用 HMM 进行词性标注的过程与使用 HMM 进行分词的过程是一致的，在进行不同的任务时只需要更换合适的语料库。

下面是使用 jieba 进行词性标注的例子。

```
import jieba.posseg as peg
sentence = "小明硕士毕业于中国科学院研究所。"
seg_list = psg.cut(sentence)
print(" ".join(['{0}/{1}'.format(w,t) for w,t in seg_list]))
```

结果如下，每个词后面是词对应的词性标记，具体含义可查看表 5-1。

```
小明/nr 硕士/n 毕业/v 于/p 中国科学院/nt 研究所/n 。/x
```

在前面的内容中，我们学习到了 jieba 支持用户自定义词典，且在自定义词典时词的词频和词性可省略。省略词性等信息虽然方便用户自定义词典，但建议用户尽可能将词典信息补充完整。因为如果使用省略了词性的词典进行词性标注，最终切分出来的词的词性会被标记为“x”，表示其词性未知。若后续还要使用词性标注的结果进行句法分析等任务，这种词性未知的情况可能会对标注结果产生一定的影响。

5.4 本章小结

通过本章的学习，读者可以了解到词性标注的意义，掌握词性标注的规范及 jieba 分词中词性标注的流程。词性标注在本质上是分类问题，将语料库中的单词按词性分类。一个词的词性由其所属语言的含义、形态和语法功能决定。本章内容为进行句法分析、词汇获取、信息抽取的数据预处理提供了有力的帮助。

第6章 命名实体识别之日期识别和地名识别

本章将讲解自然语言处理中的另一个核心技术——命名实体识别。命名实体识别（NER）与前面所讲的自动分词、词性标注一样，都是自然语言处理中的基础任务。命名实体识别是信息提取、句法分析、机器翻译等众多自然语言处理任务的重要组成部分。

- 了解命名实体识别的概念、研究意义、识别方法。
- 掌握基于 CRF 的命名实体识别的实现。
- 掌握命名实体识别之日期识别和地名识别的实现。

6.1 命名实体识别简介

命名实体识别，也可称作“专名识别”，是指识别文本中某些具有特定意义的实体。命名实体识别研究的对象一般分为三大类（实体、时间和数字）和七小类（人名、地名、时间、日期、组织机构名、货币和百分比）。这些命名实体具有其独特的构成规律，且数量不断增加，无法在词典中完全列出，因此在词汇形态处理（如中文分词）中需要对其进行单独识别。

百分比、日期、时间、货币等命名实体格式都比较有规律，可采用模式匹配或正则化匹配等方式识别，且具有较好的识别效果。但是人名、地名、组织机构名等实体格式较为复杂，识别难度较大，因此这 3 种实体是命名实体识别研究的主要对象。

命名实体识别并不是一个新的研究课题，已有较为合理的识别方案，但某些学者认为该问题并没有得到解决，还需要不断研究，主要原因如下。

① 当前取得的成果主要是针对某些实体类型（人名、地名）和有限的文本类型（如新闻等语料），针对其他类型的成果较少。

② 相对于其他信息检索领域，用于评测命名实体的语料较少，容易产生过拟合。

③ 在信息检索领域，准确率和召回率都是评测指标，但准确率更重要。而命名实体识别更侧重于高召回率。

④ 目前，命名实体识别系统的通用性较差，无法识别多种类型的命名实体。

命名实体识别的评测主要是看实体的边界划分正确的情况以及识别的实体的类型标注正确的情况。在英文命名实体识别中，命名实体通常具有较为明显的标志（如人名、地名等实体的单词首字母要大写），因此英文实体的边界比较容易识别，只剩下识别实体类型这一关键任务。与英文相比，中文命名实体的识别难度更大，目前还有很多未解决的难题。中文命名实体识别的主要难点如下。

① 命名实体的数量众多、类型不一。例如：《人民日报》1998 年 1 月的语料库共有 19965 个人名（语料库总文字数为 2305896），这些人名大多未被收录到词典中，属于未登录词。

② 命名实体的构成规律复杂。在中文命名实体识别中，最复杂的是组织机构名和人名的识别。组织机构名在命名时可用的词十分广泛，命名方式可因人而异，且组

织机构名的种类繁多，只有名字结尾的用词相对集中（如××公司等），因此识别难度较大。中文文本中的人名多种多样，不同人名的组成规则不同，识别时需要进行细分。

③ 命名实体长度不一。中文人名的长度一般为2～4个字（部分少数民族人名可能更长），常用地名的长度一般也是2～4个字。这两种类型的命名实体长度范围较为固定，但是组织机构名的长度范围变化较大，少则两三个字，多则几十个字。在实际语料库中，很多组织机构的名字长度在十个字以上。因此由于名字长度和边界难以确定，组织机构名的识别难度更大。

④ 嵌套情况复杂。命名实体嵌套是指命名实体和一些其他词组成一个新的命名实体。命名实体的嵌套在中文文本中很常见，如人名中嵌套地名、地名中嵌套人名等。组织机构名中的嵌套现象最为常见，如组织结构名嵌套人名、地名或其他组织机构名等。这种嵌套现象使命名实体的构成更为复杂，也加大了命名实体识别的难度。

命名实体识别的方法分为基于规则的方法、基于统计的方法和混合方法3种。

① 基于规则的方法。命名实体识别最早期的有效方法是规则加词典。基于规则的方法是在手工设置规则的基础上，结合现有的命名实体库，通过分析实体与规则的匹配情况来识别命名识别的类型。设置的规则能够结合语言场景时，该方法的识别效果较好。但在实际情况下，由于语言场景和文本风格的多样化，很难手工设置涵盖所有语言现象的规则，因此基于规则的方法存在更新维护困难、可移植性差等缺点。

② 基于统计的方法。目前命名实体识别的主流方法是基于统计的方法，如HMM、CRF、最大熵模型等。这些方法的基本思想是依赖人工标注的语料库，将命名实体识别转化为序列标注问题。基于统计的方法对语料库依赖程度很大，但在实际中没有大规模通用的语料库来支撑命名实体识别系统，因此该方法的效果受制于语料库的完整性。

③ 混合方法。目前命名实体识别系统大多是将基于规则的方法和基于统计的方法结合的混合方法，单一使用基于规则的方法或基于统计的方法的系统几乎没有。自然语言处理并不是一个完全随机的过程，如果单独使用基于统计的方法进行命名实体识别，状态搜索空间会非常大，因此必须借助基于规则的方法进行剪枝，缩小搜索空间从而提高识别效率。

6.2 基于 CRF 的命名实体识别

先来回顾一下 HMM。HMM 将中文分词视为序列标注问题，并在解决过程中引入两个重要的假设。一是独立观察假设（输出的观察值之间相互独立，不与其他时刻的输出相关），二是齐次马尔可夫假设（当前状态只与前一时刻状态有关，与其他时刻状态无关）。基于这两个重要假设，HMM 可以用于解决中文分词问题，且计算比较简单。当中文语料的规模很大时，观察值序列呈现出多重的交互特征，且观察元素之间存在长程相关性（也称长期记忆性或持续性，即过去的状态可对现在或将来产生影响），这就导致 HMM 的效果受到影响。

为了弥补 HMM 的缺陷，拉弗蒂等学者于 2001 年提出了 CRF（条件随机场）方法。CRF 是基于 HMM 的一种用于标记和切分序列化数据的统计模型。两者不同的是，HMM 是给定当前状态计算下一个状态的分布；而 CRF 是给定当前观测序列，计算整个标记序列的联合概率。

随机场的概念：由若干个位置组成的整体，给某一个位置按照某种分布随机赋予一个值后，该整体就被称为随机场。

定义 1　假设 $X=(X_1,X_2,\cdots,X_n)$ 和 $Y=(Y_1,Y_2,\cdots,Y_m)$ 分别表示待标记的观测序列以及对应的标记序列，$P(Y|X)$ 是在给定 X 的条件下 Y 的条件概率。若将随机变量 Y 构成一个无向图 $G=(V,E)$ 表示的 HMM，则条件概率 $P(Y|X)$ 称为 CRF，即

$$P(Y_v|X,Y_w,w\neq v)=P(Y_v|X,Y_w,w\sim v)$$

其中，$w\sim v$ 表示无向图 G 中与节点 v 有边相连的所有节点，$w\neq v$ 表示除节点 v 以外的所有节点。

以地名识别为例，定义地理命名实体的规则见表 6-1。

表 6-1　定义地理命名实体的规则

标注	含义
B	当前词为地理命名实体的首部
M	当前词为地理命名实体的中部
E	当前词为地理命名实体的尾部
S	当前词单独构成地理命名实体
O	当前词不是地理命名实体或组成部分

现在要对一个句子进行命名实体识别，该句子有 n 个字符，每个字符的标签都是“B”“M”“E”“S”“O”中的一个。每个字符的标签确定后，就形成了一个随机场。在该随机场中增加约束，如果每个字符的标签只与其相邻字符的标签有关，就形成了一个马尔可夫随机场。假设马尔可夫随机场中有两个变量——X 和 Y，X 是给定的，Y 是在给定 X 的条件下的输出。将字符视为 X，字符的标签视为 Y，$P(Y|X)$ 就是 CRF。

CRF 并没有指定随机变量 X 和 Y 具有相同的结构，但在实际自然语言处理应用中，通常会假设二者具有相同的结构，即

$$X=(X_1,X_2,\cdots,X_n),Y=(Y_1,Y_2,\cdots,Y_n)$$

定义 2　假设 $X=(X_1,X_2,\cdots,X_n)$ 和 $Y=(Y_1,Y_2,\cdots,Y_n)$ 均为线性链表示的随机变量序列，在 X 给定的情况下，Y 的条件概率分布 $P(Y|X)$ 就是 CRF，若条件概率 $P(Y|X)$ 满足马尔可夫性

$$P(Y_i|X,Y_1,Y_2,\cdots,Y_n)=P(Y_i|X,Y_{i-1},Y_{i+1})$$

则称 $P(Y|X)$ 是线性链 CRF。

【注意】后续本书所说的 CRF 除特别声明外，都是指线性链 CRF。

与 HMM 相比，CRF 不仅考虑了上一个状态 Y_{i-1}，还考虑了下一个状态 Y_{i+1}。图 6-1 展示了 HMM 与 CRF 的对比。

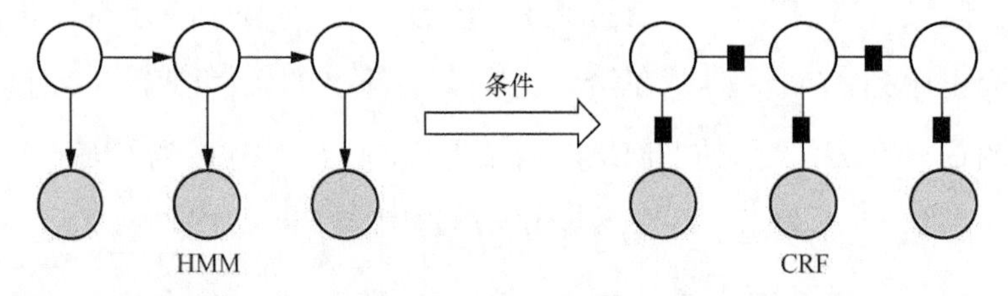

图 6-1　HMM 与 CRF 的对比

HMM 是一个有向图，而 CRF 是一个无向图。因此 HMM 的每个状态依赖上一个状态，而 CRF 依赖于与当前节点有边相连的节点的状态。

下面介绍如何采用 CRF 进行命名实体识别。以地理名称识别为例，假设要对“我要去颐和园”这句话进行标注，正确的标注结果为“我/O 要/O 去/O 颐/B 和/M 园/E”。采用 CRF 进行地名识别，标注序列可能是“OOOBME”，也可能是“OOOBBM”或者其他序列。命名实体识别的目的就是在众多可能的标注序列中，找到最可靠的序列作为句子的标注。解决问题的关键点在于如何判定标注序列是可靠的。观察例子中两种可能的标注序列“OOOBME”和“OOOBBM”，第一种标注序列要比第二种显得更

为可靠。第二种将“颐”“和”两个字都标注为“B”，认为两个都是地名的首字，这显然是不合理的，因为一个地名不可能有两个首字符。

假如可以给每个可能的标注序列打分，分值体现标注序列的可靠程度，分值越高越可靠，那么可以指定一个规则——如果在标注序列中出现连续字的标注都为“B”，则给这个标注序列打低分（如零分或者负分等）。这样的规则可以被视为一个特征函数。在 CRF 中，可以定义一个特征函数集合，并使用该集合给标注序列打分（综合考虑特征集合中函数得到的综合分值），然后根据分值选出最可靠的标注序列。

CRF 中的特征函数有两种——状态函数 $s_l(y_i,X,i)$ 和转移函数 $t_k(y_{i-1},y_i,i)$。状态函数 $s_l(y_i,X,i)$ 依赖于当前位置，表示位置 i 的标记是 y_i 的概率。转移函数 $t_k(y_{i-1},y_i,i)$ 依赖于上一个位置和当前位置，表示从标记 y_{i-1}（在标记序列中的位置为 $i-1$）转移到标记 y_i（在标记序列中的位置为 i）的概率。在通常情况下，特征函数的取值为 0 或 1，0 表示不符合该规则，1 表示符合该规则。完整的 CRF 可以表示为

$$P(y|x)=\frac{1}{Z(x)}\exp\left(\sum_{i,k}\lambda_k t_k(y_{i-1},y_i,i)+\sum_{i,l}\mu_l s_l(y_i,X,i)\right)$$

其中，

$$Z(x)=\sum_y\exp\left(\sum_{i,k}\lambda_k t_k(y_{i-1},y_i,i)+\sum_{i,l}\mu_l s_l(y_i,X,i)\right)$$

$Z(x)$ 是规范化因子，是对所有可能的输出序列进行求和；λ_k 和 μ_l 分别是转移函数和状态函数对应的权值。

为了简化计算，可将 CRF 的公式简化为

$$P(y|x)=\frac{1}{Z(x)}\exp\left(\sum_j\sum_i w_j f_j(y_{i-1},y_i,x,i)\right)$$

将 $Z(x)$ 简化为

$$Z(x)=\sum_y\exp\left(\sum_j\sum_i w_j f_j(y_{i-1},y_i,x,i)\right)$$

其中，$f_j(y_{i-1},y_i,x,i)$ 是简化前公式中 $t_k(y_{i-1},y_i,i)$ 和 $s_l(y_i,X,i)$ 的统一符号表示。

因此，采用 CRF 进行命名实体识别的目标就是求解 $\operatorname{argmax}_y p(y|x)$ [使 $p(y|x)$ 最大的参数]。与 HMM 求解最大可能序列路径一样，该问题的求解也是采用维特比算法。

HMM 和 CRF 都是解决标注问题的方法。与 HMM 相比，CRF 能够捕捉更多的全局信息，并且能够灵活地进行特征函数设计，因此命名实体识别的效果更好。

6.3 命名实体识别之日期识别

在实际项目应用中，我们经常需要进行日期识别。若数据是结构化的（如关系数据库中的数据，对日期有一定的类型约束），一般将其按照一定的存储规范进行存储，使用时解析还原即可得到对应的日期。然而在非结构化的数据中，日期和文本混合在一起，对日期进行识别就变得比较困难。

下面通过一个具体的案例讲解日期识别的方法。案例背景：现有一个具有智能语音问答功能的酒店预订系统，该系统可以对用户输入的语音进行解析，识别出用户的酒店预订需求信息，如入住时间、房间类型等。然而语音识别工具的缺陷，使转化成中文文本的日期类数据并不是严格的数字，而是文字、数字或者二者的混合，如“七月 12”“2020 年 8 月”“20200726”“后天中午”等。案例的目的是识别出转化后的中文文本中的日期信息，并将其输出为统一的日期格式。例如中文文本是“今天下午 4 点入住，明天中午离开”（假设今天为 2018 年 9 月 10 日），输出的日期为“2018-9-10”和“2018-9-11”。

本案例主要通过正则表达式和 jieba 工具来完成日期识别。

第一步，导入要使用的库。

```
import re
from datetime import datetime,timedelta
from dateutil.parser import parse
import jieba.posseg as psg
```

第二步，定义 time_extract()函数。该函数的作用是对语音转化后的中文文本进行分词，提取所有表示时间、日期的词，并根据上下文进行拼接。该函数通过 jieba 进行分词，使用 jieba 的词性标注功能，提取其中表示时间（词性为 t）和数字（词性为 m）的词，并记录这些表示连续时间信息的词。例如：词性标注的结果为“今天/t 下午/t 4/m 点/m 入住/v，明天/t 中午/t 离开/v”，需要将“今天下午 4 点”和“明天中午”提取出来。代码里面定义了“今天”“明天”“后天”这几个关键词，检测到这几个词时，需要将其转化为日期格式，以便后续使用。代码中的日期关键词是用户自定义的，用户可根据实际情况修改和添加。本案例背景是入住酒店，因此没有添加“昨天”和“前天”等关键词。

```
#时间提取
def time_extract(text):
    time_res = []
    word = ''
    keyDate = {'今天': 0, '明天':1, '后天': 2}
    for k, v in psg.cut(text):
        #print(k,v)
        if k in keyDate:
            if word != '':
                time_res.append(word)
            #日期的转换，timedelta 用于提取任意延迟天数的信息
            word = (datetime.today()+timedelta(days=keyDate.get(k, 0))).\
                        strftime('%Y{y}%m{m}%d{d}').format(y='年',m='月',d='日')

        elif word != '':
            if v in ['m', 't']:
                word = word + k
            else:
                time_res.append(word)
                word = ''
        elif v in ['m', 't']:  # m:数字，t:时间
            word = k
    #print('word:',word)
    if word != '':
        time_res.append(word)
    #print('time_res:',time_res)
    #filter()函数用于过滤序列，过滤掉不符合条件的元素，返回由符合条件元素组成的新列表
    result = list(filter(lambda x: x is not None, [check_time_valid(w)for w in 
time_res]))
    #print('result:',result)
    final_res = [parse_datetime(w)for w in result]
    #print('final_res:',final_res)
    return [x for x in final_res if x is not None]
```

在上述代码中，time_extract()函数调用了 check_time_valid()函数。check_time_valid()函数的作用是对提取并拼接好的日期进行判断，判断其是不是有效的日期。

check_time_valid()函数的实现代码如下。

```
#对提取的拼接日期串进行有效性判断
def check_time_valid(word):
    #print('check:',word)
    m = re.match("\d+$", word)
    if m:
        if len(word) <= 6:
            return None
    word1 = re.sub('[号|日]\d+$', '日', word)
    #print('word1:',word1)
    if word1 != word:
        return check_time_valid(word1)
    else:
        return word1
```

在下面的代码中，check_time_valid()函数调用了 parse_datetime()函数。parse_datetime()函数的作用是将提取到的文本形式的日期转化为固定的时间格式。该函数通过正则表达式将文本日期切割成更细的子维度，如“年”“月”“日”“时”“分”“秒”等，然后对各个子维度进行单独识别。

```
def parse_datetime(msg):
    #print('msg:',msg)
    if msg is None or len(msg)== 0:
        return None

    m = re.match(r"([0-9 零一二两三四五六七八九十]+年)?([0-9 一二两三四五六七八九十]+
月)?([0-9 一二两三四五六七八九十]+[号日])?([上中下午晚早]+)?([0-9 零一二两三四五六七八九十
百]+[点:\.时])?([0-9 零一二三四五六七八九十百]+分?)?([0-9 零一二三四五六七八九十百]+
秒)?",msg)

#print('m.group:',m.group(0),m.group(1),m.group(2),m.group(3),m.group(4),m.
group(5))
    if m.group(0)is not None:
        res = {
            "year": m.group(1),
            "month": m.group(2),
            "day": m.group(3),
            "noon":m.group(4),  #将时间从自然语言转换成计算机可以读取的形式，例如书中提到的
```

```
        明天早上10点入住，住到后天中午：['2020-09-15 10:00:00','2020-09-16 12:00:00']
        "hour": m.group(5)if m.group(5)is not None else '00',
        "minute": m.group(6)if m.group(6)is not None else '00',
        "second": m.group(7)if m.group(7)is not None else '00',
    }
    params = {}
    for name in res:
        if res[name] is not None and len(res[name]) != 0:
            tmp = None
            if name == 'year':
                tmp = year2dig(res[name][:-1])
            else:
                tmp = cn2dig(res[name][:-1])
            if tmp is not None:
                params[name] = int(tmp)
    target_date = datetime.today().replace(**params)
    #print('target_date:',target_date)
    is_pm = m.group(4)
    if is_pm is not None:
        if is_pm == u'下午' or is_pm == u'晚上' or is_pm =='中午':
            hour = target_date.time().hour
            if hour < 12:
                target_date = target_date.replace(hour=hour + 12)
    return target_date.strftime('%Y-%m-%d %H:%M:%S')
else:
    return None
```

parse_datetime()函数的核心是一个正则表达式，即“([0-9　零一二两三四五六七八九十]+年)?([0-9　一二两三四五六七八九十]+月)?([0-9　一二两三四五六七八九十]+[号日])?([上中下午晚早]+)?([0-9　零一二两三四五六七八九十百]+[点:\.时])?([0-9　零一二三四五六七八九十百]+分?)?([0-9　零一二三四五六七八九十百]+秒)?”

这是一条人工设置的规则，其目的是对数字和文本混合的日期字符串进行处理，将其转化输出为固定的时间格式。该正则表达式还加入了对“上中下午晚早”等表示时间的字词的匹配。

parse_datetime()函数在进行子维度解析时，调用了两个函数——year2dig()和cn2dig()。这两个函数的功能是预定义一些模板，将具体的文本转化为数字。

```
UTIL_CN_NUM = {
```

```
    '零': 0, '一': 1, '二': 2, '两': 2, '三': 3, '四': 4,
    '五': 5, '六': 6, '七': 7, '八': 8, '九': 9,
    '0': 0, '1': 1, '2': 2, '3': 3, '4': 4,
    '5': 5, '6': 6, '7': 7, '8': 8, '9': 9
}

UTIL_CN_UNIT = {'十': 10, '百': 100, '千': 1000, '万': 10000}

def cn2dig(src):
    if src == "":
        return None
    m = re.match("\d+", src)
    if m:
        return int(m.group(0))
    rsl = 0
    unit = 1
    for item in src[::-1]:
        if item in UTIL_CN_UNIT.keys():
            unit = UTIL_CN_UNIT[item]
        elif item in UTIL_CN_NUM.keys():
            num = UTIL_CN_NUM[item]
            rsl += num * unit
        else:
            return None
    if rsl < unit:
        rsl += unit
    return rsl

def year2dig(year):
    res = ''
    for item in year:
        if item in UTIL_CN_NUM.keys():
            res = res + str(UTIL_CN_NUM[item])
        else:
            res = res + item
    m = re.match("\d+", res)
    if m:
        if len(m.group(0))== 2:
```

```
            return int(datetime.datetime.today().year/100)*100 + int(m.group(0))
        else:
            return int(m.group(0))
    else:
        return None
```

在上述代码中，UTIL_CN_NUM 和 UTIL_CN_UNIT 两个词典将常见的中文汉字与阿拉伯数字一一对应，然后 cn2dig()函数通过匹配，将中文汉字转化为阿拉伯数字。

至此，使用正则表达式进行日期识别的代码已经全部完成，完整的代码详见书籍配套资源。回顾代码我们可以发现，parse_datetime()函数能够解析出具体的子维度（年、月、日等），然后将 datetime 中的 today 替换为“今天”，并将该值作为默认值。当解析的包含日期的文本未出现具体的表示年、月等维度的信息时，将“今天”设置为默认值。下面使用几个案例进行测试（假设“今天”是“2020 年 9 月 14 日”）。

```
text1 = '明天早上10点入住，住到后天中午'
print(text1, time_extract(text1), sep=':')

text2 = '我要预订明天到18号的双人间'
print(text2, time_extract(text2), sep=':')

text3 = '今天下午两点到，住到28号'
print(text3, time_extract(text3), sep=':')

text4 = '今天晚上10点'
print(text4, time_extract(text4), sep=':')

text5 = '后天下午3点'
print(text4, time_extract(text5), sep=':')
```

测试结果如下。

```
明天早上10点入住，住到后天中午:['2020-09-15 10:00:00', '2020-09-16 12:00:00']
我要预订明天到18号的双人间:['2020-09-15 00:00:00', '2020-09-18 00:00:00']
今天下午两点到，住到28号:['2020-09-14 14:00:00', '2020-09-28 00:00:00']
今天晚上10点:['2020-09-14 22:00:00']
后天下午3点:['2020-09-16 15:00:00']
```

观察结果可以发现，不同测试案例的结果的准确程度不一，有些测试结果较好，有些测试结果就不太符合实际情况，主要原因在于解析日期时设置的规则是以“今天”

为默认值的。这也体现出基于规则方法的限制：无法覆盖所有的规则场景。但与基于统计的方法相比，基于规则的方法不需要提前收集数据，也不需要进行数据标注训练，可以快速解析出结果。

6.4 命名实体识别之地名识别

上一节采用基于规则的方法对日期进行识别，本节采用基于 CRF 的统计方法来识别地名。

6.4.1 安装 CRF++

在识别地名的过程中需要借助一款基于 C++高效实现 CRF 的工具——CRF++。下面简单介绍 CRF++的安装过程。

CRF++支持 Windows、Linux 和 macOS 等不同的操作系统。Windows 用户可在官网获取源码并编译安装 CRF++。下面讲解在 Ubuntu 系统（属于 Linux 系统）下安装的方法。

① 下载安装包。下载安装包有两种方式，第一种方式是直接从 GitHub 获取源码。使用此方式需要安装 git 工具，有关 git 工具的安装方法本书不详细介绍。获取命令（当前位置是/home/ubuntu）如下。

```
$ git clone.a/.txt
```

第二种方式是从官网下载 Linux 版本的安装包，下载安装包后，将其复制到/home/ubuntu 目录下，使用 tar-zxvf 命令解压安装包。解压命令如下。

```
$ tar -zxvf CRF++-0.58.tar.gz
```

② 安装 gcc。CRF++的安装需要依赖 gcc 3.0 以上版本。一般情况下，Ubuntu 系统默认自带 gcc 和 g++，如 Ubuntu 16.04 中可用的默认 gcc 和 g++的版本都是 5.4.0。查看是否已安装 gcc 的命令如下。

```
$ gcc -v
```

或者使用以下命令查看。

```
$ gcc -version
```

若 gcc 已安装，则系统会显示 gcc 的版本等信息。若 gcc 未安装，可使用以下命令进行安装。

```
$ sudo apt update
$ sudo apt install build-essential
```

以上命令可用于安装 gcc、g++和 make 等工具。

③ 编译、安装 CRF++。首先切换到 CRF 安装包解压后的目录，然后编译、安装，具体命令如下。

```
$ cd CRF++-0.58
$ ./configure
$ make
$ sudo make install
```

④ 安装 CRF++的 Python 接口。CRF++提供了 Python 接口，通过该接口，用户可以加载训练好的模型。Python 接口的安装方法：首先进入 CRF++的子目录 python，然后编译、安装。具体命令如下。

```
$ cd python
$ python setup.py build
$ python setup.py install
$ sudo ln -s /usr/local/lib/libcrfpp.so.0 /usr/lib/
```

⑤ 在 Python 编辑器中输入命令：import CRFPP，验证 CRF++的 Python 接口是否安装成功。

至此，安装完成。

6.4.2 确定标签体系

命名实体识别与中文分词和词性标注一样，也拥有自己的标签体系。命名实体识别的标签体系可以由用户自定义，本案例采用表 6-1 所示的定义地理命名实体的规则。

6.4.3 处理语料数据

CRF++要求按照一定的格式训练数据：一行一个形符，每行分为多列，最后一列表示要预测的标签（即“B”“E”“M”“S”“O”），其余列表示特征，因此每行至少有两列。多个形符组成一句话（即一句话表示为多行），多句话之间使用空行隔开。本小节描述的案例采用一个维度——字符作为特征。例如，“我去北京饭店。”的结果（最后一行为空行）如下。

```
我 O
去 O
北 B
京 M
饭 M
店 E
。 O
```

采用《人民日报》语料数据的处理代码如下（详见书籍配套资料 chapter6/corpusHandler.py）。

```
#coding=utf8
def tag_line(words, mark):
    chars = []
    tags = []
    temp_word = '' #用于合并组合词
    for word in words:
        word = word.strip('\t ')
        if temp_word == '':
            bracket_pos = word.find('[')
            w, h = word.split('/')
            if bracket_pos == -1:
                if len(w)== 0: continue
                chars.extend(w)
                if h == 'ns':
                    tags += ['S'] if len(w)== 1 else ['B'] + ['M'] * (len(w)- 2)+ ['E']
                else:
                    tags += ['O'] * len(w)
            else:
                w = w[bracket_pos+1:]
                temp_word += w
        else:
            bracket_pos = word.find(']')
            w, h = word.split('/')
            if bracket_pos == -1:
                temp_word += w
            else:
                w = temp_word + w
```

```
                h = word[bracket_pos+1:]
                temp_word = ''
                if len(w)== 0: continue
                chars.extend(w)
                if h == 'ns':
                    tags += ['S'] if len(w)== 1 else ['B'] + ['M'] * (len(w)- 2)+ ['E']
                else:
                    tags += ['O'] * len(w)

    assert temp_word == ''
    return (chars, tags)

def corpusHandler(corpusPath):
    import os
    root = os.path.dirname(corpusPath)
    with open(corpusPath) as corpus_f, \
        open(os.path.join(root, 'train.txt'), 'w')as train_f, \
        open(os.path.join(root, 'test.txt'), 'w')as test_f:

        pos = 0
        for line in  corpus_f:
            line = line.strip('\r\n\t ')
            if line == '': continue
            isTest = True if pos % 5 == 0 else False  #抽样 20%作为测试集使用
            words = line.split()[1:]
            if len(words)== 0: continue
            line_chars, line_tags = tag_line(words, pos)
            saveObj = test_f if isTest else train_f
            for k, v in enumerate(line_chars):
                saveObj.write(v + '\t' + line_tags[k] + '\n')
            saveObj.write('\n')
            pos += 1

if __name__ == '__main__':
    corpusHandler('./data/people-daily.txt')
```

上述代码主要定义了两个函数——tag_line()函数和 corpusHandler()函数。前者的作用是对每行的标注进行转换；后者的作用是加载数据，然后调用 tag_line()函数对加载的数据进行转换，并保存转换结果。

6.4.4 设计特征模板

前面介绍基于 CRF 的命名实体识别时提到了特征函数，特征函数是通过规则定义来实现的，规则即 CRF++中的特征模板。特征模板的基本格式为%x[row, col]，row 表示当前形符对应的行数，col 表示特征所在的列数，以此来确定输入数据的形符。

CRF++的模板类型有以下两种。

① 以字母 U 为开头的一元模板。采用此模板时，CRF++会自动为其生成一个特征函数集合（funcl,⋯,funcN）。

② 以字母 B 为开头的二元模板。采用此模板时，CRF++会自动产生当前输出与前一个形符的组合，根据该组合构造特征函数。

结合地名识别的案例，自定义特征模板如下。

```
#Unigram
U00:%x[-1,0]
U01:%x[0,0]
U02:%x[1,0]
U03:%x[2,0]
U04:%x[-2,0]
U05:%x[1,0]/%x[2,0]
U06:%x[0,0]/%x[-1,0]/%x[-2,0]
U07:%x[0,0]/%x[1,0]/%x[2,0]
U08:%x[-1,0]/%x[0,0]
U09:%x[0,0]/%x[1,0]
U10:%x[-1,0]/%x[1,0]
#Bigram
B
以“我去北京饭店。”为语料训练模型，当扫描到“京 M”时：
我 O
去 O
北 B
京 M        <== 代表当前扫描行
饭 M
店 E
。 O
根据定义的模板提取到的特征：
```

```
#Unigram
U00:%x[-1,0] ==>北
U01:%x[0,0] ==>京
U02:%x[1,0] ==>饭
U03:%x[2,0] ==>店
U04:%x[-2,0] ==>去
U05:%x[1,0]/%x[2,0] ==>京/饭
U06:%x[0,0]/%x[-1,0]/%x[-2,0] ==>京/北/去
U07:%x[0,0]%x[1,0]/%x[2,0] ==>京/饭/店
U08:%x[-1,0]%x[0,0] ==>北/京
U09:%x[0,0]%x[1,0] ==>京/饭
U10:%x[-1,0]%x[1,0] ==>北/饭
#Bigram
B
```

由此可以看出，CRF 可以通过特征模板学习到训练语料中的上下文特征。

6.4.5　训练和测试模型

CRF++的训练命令为 crf_learn，测试命令为 crf_test。crf_learn 命令有很多参数，用户可根据实际项目情况进行调整。

- -f，--freq=INT，表示使用属性的出现次数不少于 INT 次（默认值为 1）。
- -m，--maxiter=INT，设置 INT 为 L-BFGS（拟牛顿算法）的最大迭代次数（默认值为 10K）。
- -c，--cost=FLOAT，设置 FLOAT 为代价参数，参数过大会导致过拟合（默认值为 1.0）。
- -e，--eta=FLOAT，设置终止标准 FLOAT（默认值为 0.0001）。
- -C，--convert，将文本模式转化为二进制模式。
- -t，--textmodel，为调试建立文本模型文件。
- -a，--algorithm=（CRF|MIRA），选择训练算法（默认值为 CRF_L2）。
- -p，--thread=INT，设置线程数为 INT（默认值为 1），利用多个 CPU 减少训练时间。
- -H，--shrinking-size=INT，设置 INT 为最适宜的迭代量次数（默认值为 20）。
- -v，--version，显示版本号并退出。

- -h，--help，显示帮助并退出。

使用 crf_learn 训练时会输出一些信息，含义如下。

- iter：迭代次数。当 iter 值超过 maxiter 时，迭代终止。
- terr：标记错误率。
- serr：句子错误率。
- obj：当前对象的值。当这个值收敛到一个确定值时，训练结束。
- diff：与上一个对象的值之间的差。当此值小于 eta 时，训练结束。

本案例训练时采用的命令如下。

```
$ crf_learn -f 4 -p 8 -c 3 template ./data/train.txt model
```

部分训练输出展示如下。

```
Number of sentences: 15586
Number of features:  1528756
Number of thread(s): 8
Freq:               4
eta:                0.00010
C:                 3.00000
shrinking size:      20
iter=0 terr=0.98787 serr=1.00000 act=1528756 obj=2055386.56193 diff=1.00000
iter=1 terr=0.03155 serr=0.44360 act=1528756 obj=812578.06076 diff=0.60466
iter=2 terr=0.03155 serr=0.44360 act=1528756 obj=266470.88400 diff=0.67207
iter=3 terr=0.03155 serr=0.44360 act=1528756 obj=253569.78600 diff=0.04841
iter=4 terr=0.03155 serr=0.44360 act=1528756 obj=205213.20527 diff=0.19070
iter=5 terr=0.65997 serr=0.99891 act=1528756 obj=5122368.60968 diff=23.96120
iter=6 terr=0.03155 serr=0.44360 act=1528756 obj=196365.10030 diff=0.96167
iter=7 terr=0.03155 serr=0.44360 act=1528756 obj=176380.57933 diff=0.10177
……
iter=278 terr=0.00026 serr=0.01001 act=1528756 obj=3755.43147 diff=0.00017
iter=279 terr=0.00025 serr=0.00962 act=1528756 obj=3754.73078 diff=0.00019
iter=280 terr=0.00025 serr=0.00969 act=1528756 obj=3754.16296 diff=0.00015
iter=281 terr=0.00025 serr=0.00988 act=1528756 obj=3753.89750 diff=0.00007
iter=282 terr=0.00025 serr=0.00975 act=1528756 obj=3753.62883 diff=0.00007
iter=283 terr=0.00025 serr=0.00969 act=1528756 obj=3753.45465 diff=0.00005


Done!1546.52 s
```

训练完成后，调用生成的模型进行测试，命令如下。

```
$ crf_test -m model ./data/test.txt > ./data/test.rst
```

测试完成后，统计模型在测试集上的表现效果，代码如下。

```
def f1(path):
    with open(path) as f:
        #记录所有的标记数
        all_tag = 0
        #记录真实的地理位置标记数
        loc_tag = 0
        #记录预测的地理位置标记数
        pred_loc_tag = 0
        #记录正确的标记数
        correct_tag = 0
        #记录正确的地理位置标记数
        correct_loc_tag = 0

        states = ['B', 'M', 'E', 'S']
        for line in f:
            line = line.strip()
            if line == '': continue
            _, r, p = line.split()
            all_tag += 1
            if r == p:
                correct_tag += 1
                if r in states:
                    correct_loc_tag += 1
            if r in states: loc_tag += 1
            if p in states: pred_loc_tag += 1

        loc_P = 1.0 * correct_loc_tag/pred_loc_tag
        loc_R = 1.0 * correct_loc_tag/loc_tag
        print('loc_P:{0}, loc_R:{1}, loc_F1:{2}'.format(loc_P, loc_R,(2*loc_P*loc_R)/
(loc_P+loc_R)))

if __name__ == '__main__':
    f1('./data/test.rst')
```

运行结果如下。

```
loc_P:0.9099508485579152, loc_R:0.8422317596566523, loc_F1:0.8747826862211919
```

从结果可知：精确率约为0.91，召回率约为0.84，F1的值约为0.87。这体现出该模型在一定场景下识别地名的效果还是不错的。本案例中设置的规则模板比较简单，只考虑了一个特征维度（即字符本身）。为了提升模型效果，用户可以将词性标注后的文本作为训练语料，在规则模板中增加词性这一特征维度进行模型训练。

6.4.6 使用模型

除了使用crf_learn和crf_test命令进行命名实体识别，还可以使用CRF++提供的Python接口，加载模型进行识别，代码如下。

```
def load_model(path):
    import os, CRFPP
    #-v 3: 显示更多的信息，如预测为不同标签的概率值
    #-n N: 显示概率值最大的N个序列的信息。N必须大于等于2
    if os.path.exists(path):
        return CRFPP.Tagger('-m {0} -v 3 -n 2'.format(path))
    return None

def locationNER(text):
    tagger = load_model('./model')
    for c in text:
        tagger.add(c)
    result = []

    #解析模型输出结果
    tagger.parse()
    word = ''
    for i in range(0, tagger.size()):
        for j in range(0, tagger.xsize()):
            ch = tagger.x(i, j)
            tag = tagger.y2(i)
            if tag == 'B':
                word = ch
            elif tag == 'M':
```

```
                word += ch
            elif tag == 'E':
                word += ch
                result.append(word)
            elif tag == 'S':
                word = ch
                result.append(word)
return result
```

load_model()函数的作用是加载之前训练好的模型，locationNER()函数的作用是识别接收的字符串中的地名。使用训练好的模型对以下测试案例进行地名识别。

```
if __name__ == '__main__':
    text = '八达岭长城一日游。'
    print(text, locationNER(text), sep='==> ')

    text = '上午去大熊猫基地，下午去武侯祠，晚上去宽窄巷子'
    print(text, locationNER(text), sep='==> ')

    text = '上海浦东机场直飞北京大兴国际机场'
    print(text, locationNER(text), sep='==> ')

    text = '上午去颐和园，下午去天安门，晚上去三里屯'
    print(text, locationNER(text), sep='==> ')
```

识别结果如下。

```
八达岭长城一日游。 ==> ['八达岭', '长城']
上午去大熊猫基地，下午去武侯祠，晚上去宽窄巷子 ==> []
上海浦东机场直飞北京大兴国际机场 ==> ['北京大兴国际机场']
上午去颐和园，下午去天安门，晚上去三里屯 ==> ['颐和园', '天安门']
```

从结果可以看出：有的测试语句能很好地识别出地名，但有的测试语句的识别效果较差。这说明该模型不适用于所有的语言场景。在实际项目应用中，解决该问题的方法通常如下。

① 扩展语料库，重新训练模型，以得到更为泛化的模型。如添加词性特征、改变分词算法等。

② 预先整理地理位置词库。在进行地名识别时，先在词库中进行匹配，再采用模型进行识别。

6.5 本章小结

本章系统讲解了自然语言处理中的命名实体识别技术，介绍了命名实体识别的概念，命名实体识别的难点和方法，介绍了基于 CRF 的命名实体识别方法，并通过两个具体的案例实现了对日期和地名的识别。

第7章 提取文本关键词

前面介绍了自然语言处理中的命名实体识别技术，该技术可以实现对日期、地名等信息的有效识别。而在信息爆炸的时代，我们一般也只愿意筛选出感兴趣的或者有用的信息进行接收，通常会采用关键词搜索的方法。使用关键词搜索的前提是对信息进行关键词提取。我们如果可以准确地将文档用几个简单的关键词描述出来，那根据关键词可以大概了解一篇文章是不是我们需要的，这样会大大提高信息获取效率。

本章将首先着重讲解关键词提取技术和常用的关键词提取算法：TF-IDF 算法、TextRank 算法、主题模型（LSA/LSI/LDA）算法等，以及运用这几种算法实现关键词提取的原理与步骤；然后进行从数据集中提取文本关键词的实战。

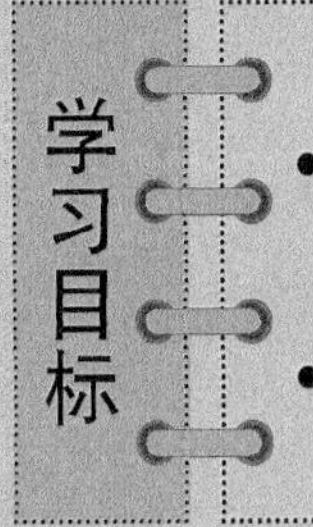

- 了解并掌握 TF-IDF、TextRank、主题模型（LSA/LSI/LDA）算法实现关键词提取的原理。
- 熟悉从数据集中提取文本关键词的流程与具体实现。

7.1 关键词提取算法

类似于其他机器学习方法，关键词提取算法一般也可以分为有监督和无监督两类。

有监督的关键词提取算法主要通过分类的方式进行，首先构建一个较为丰富和完善的词表，然后判断每个文档与词表中每个词的匹配程度，以类似打标签的方式，提取关键词。有监督的关键词提取算法获取精度较高，但是需要大批量地标注数据，人工成本过高。另外，在大数据时代，每时每刻都有大量的新信息出现，一张固定的词表要想涵盖所有的新信息，需要花费很高的人力成本进行维护。这些都是使用有监督算法进行关键词提取的比较大的缺陷。

相对而言，无监督的关键词提取算法对数据的要求低得多。它既不需要一张人工生成、维护的词表，也不需要人工标注语料辅助进行训练。因此，这类算法在关键词提取领域更受大家的青睐。本章主要为大家介绍的就是一些较常用的无监督的关键词提取算法，分别是 TF-IDF（词频-逆文档频次）算法、TextRank 算法和主题模型（LSA/LSI/LDA）算法。

7.2 TF-IDF 算法

TF-IDF 算法是一种基于统计的计算方法，常用于评估某个词对一份文档的重要程度，重要程度高的词会成为关键词。

TF 算法用于统计在一篇文档中一个词出现的频次。TF 算法的核心：某个词在一个文档中出现的次数越多，则它对文档的表达能力越强。IDF 算法用于统计一个词在文档集的多少个文档中出现。IDF 算法的核心：某个词在越少的文档中出现，那么它区分文档的能力就越强。

在实际应用中，我们会将 TF 算法、IDF 算法结合使用，由此就能从词频、逆文档频次两个角度来衡量词的重要性。

① TF 算法的计算式为

$$\mathrm{TF}_{ij} = \frac{n_{ij}}{\sum_{k} n_{ij}}$$

其中，TF_{ij} 代表词 i 在文档 j 中出现频次的归一化处理；n_{ij} 代表词 i 在文档 j 中的出现频次，但仅用频次来表示的话，在文本越长的文档中，词出现频次高的概率就会越大，所以会影响到不同文档之间关键词权值的比较。因此 TF 算法增加了对词频进行归一化的过程，分母是文档集中每个词出现次数的总和，就是文档集中的总词数。

② IDF 算法的计算式为

$$\mathrm{IDF}_i = \lg\left(\frac{|D|}{1+|D_i|}\right)$$

其中，IDF_i 代表词 i 在所有文档中出现的频次，$|D|$ 是文档集中文档总数，$|D_i|$ 是在文档集中词 i 出现的文档数量。分母加 1 是采用了拉普拉斯平滑，避免有一部分新词没有出现在语料库中导致分母为 0，从而提高算法的稳健性。

③ TF-IDF 算法的计算式为

$$\mathrm{TF}_{ij} * \mathrm{IDF}_i = \frac{n_{ij}}{\sum_k n_{ij}} * \lg\left(\frac{|D|}{1+|D_i|}\right)$$

TF-IDF 算法就是 TF 算法与 IDF 算法的综合使用。学者们对这两种算法的组合方式进行了很多研究，相加还是相乘，是否取对数。经过大量的理论推导和实验研究后，学者们确定上式是较为有效的计算方式之一。

拓展：TF-IDF 算法也有很多变种的加权方法。传统的 TF-IDF 算法，仅考虑了词的两个统计信息（出现频次，在多少个文档中出现），对文本信息利用程度的考虑较少。文本中还有许多信息，例如每个词的词性、出现的位置等，对关键词的提取都可以起到很好的指导作用。在某些特定的场景中，如在传统的 TF-IDF 算法的基础上，加上这些辅助信息，能很好地提升对关键词提取的效果。例如在文本中，名词作为一种定义现实实体的词，具有更多的关键信息，在关键词提取过程中，对名词赋予更高的权重，能使提取的关键词更合理。此外，在某些场景中，文本的起始段落和末尾段落比其他部分的文本更重要，对出现在起始和末尾位置的词赋予更高的权重，也能提升关键词的提取效果。

7.3 TextRank 算法

这里介绍的 TextRank 算法，与其他算法不同，其他算法都是基于一个现成的词库，而 TextRank 算法则是脱离词库，仅对单篇文档进行分析并提取其中的关键词。这也是 TextRank 算法的一大特点，它早期被应用于文档的自动摘要：基于句子维度的分析，对每个句子打分，找到分数最高的句子作为文档的关键词，从而实现自动摘要的效果。

在介绍 TextRank 算法之前，我们先了解一下谷歌的 PageRank 算法，因为 TextRank 算法由 PageRank 算法改进而来。PageRank 算法是谷歌构建原始搜索系统时提出的链式分析算法，该算法是用于评价搜索系统网页重要性的一种方法，是一个成功的网页排序算法。PageRank 算法的两个核心思想如下。

① 一个网页被越多其他网页链接，就说明该网页越重要。

② 一个网页被越高权值的网页链接，就说明该网页越重要。

下面举例介绍 PageRank 算法的几个基本概念。

① 出链：如果在网页 a 中附加了网页 b 的超链接 b-link，用户浏览网页 a 时可以单击 b-link 进入网页 b。这种 a 附加 b-link 的情况表示 a 出链 b。

② 入链：上面通过单击网页 a 中 b-link 进入网页 b 的情况，表示由 a 入链 b。如果用户在地址栏输入网页 b 的 URL，然后进入网页 b，表示用户通过输入 URL 入链 b。

③ 无出链：如果网页 a 中没有附加其他网页的超链接，表示 a 无出链。

④ PR 值：一个网页被访问的概率。

PageRank 算法的结构如图 7-1 所示。

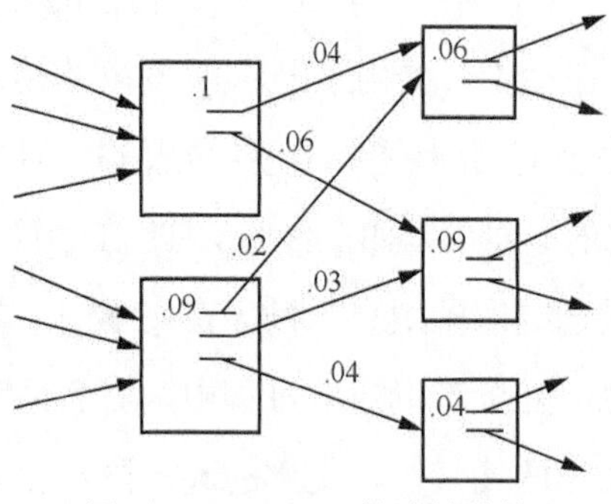

图 7-1　PageRank 算法的结构

从图 7-1 中可以看到每个网页均有自己的 PR 值（即网页被访问的概率），也都有各自的出链和入链，每个网页通过出链分掉自己的 PR 值，通过入链获得新的 PR 值。

PageRank 算法公式为

$$S(V_i)=\sum_{j\in \mathrm{In}V_i}\left(\frac{1}{|\mathrm{Out}(V_j)|}*S(V_j)\right)$$

其中，$S(V_i)$ 是网页 i 的重要性（PR 值），V_i 表示网页 i 在互联网中的节点，$\mathrm{In}(V_i)$

是整个互联网中指向网页 i 的链接的网页集合，$\mathrm{Out}(V_j)$ 为 V_j 的出链集合，$|\mathrm{Out}(V_j)|$ 是出链的数量。由于每个网页要将自身的分数划分给每个出链，则 $\frac{1}{|\mathrm{Out}(V_j)|}*S(V_j)$ 为 V_j 给 V_i 的分数。将所有入链给 V_i 的分数全加起来，就是 V_i 的分数。

但是按公式进行计算会导致一些无出链、入链的网页的得分为 0，得分为 0 的网页就不会被访问到。为了避免出现这种情况，需要对计算公式进行改造，加入阻尼系数 d，改造后的计算公式如下。这样即使一个网页无出链、入链，其自身也会有得分。

$$S(V_i)=(1-d)+d*\sum_{j\in \mathrm{In}(V_i)}\left(\frac{1}{|\mathrm{Out}(V_j)|}*S(V_j)\right)$$

以上就是 PageRank 算法的理论，也是 TextRank 算法的理论基础。不同的是，PageRank 算法是有向无权图，而 TextRank 算法是有权图，因为 TextRank 算法在记分时除了考虑链接句的重要性，还考虑两个句子间的相似度。即计算每个句子给链接句的贡献时，不是通过平均分配的方式，而是通过计算权重占总权重的比例来分配。在这里，权重就是两个句子之间的相似度，可以通过编辑距离、余弦相似度等计算相似度。另外，需要注意的一点是，在使用 TextRank 算法对一篇文档进行自动摘要时，默认每个语句和其他所有句子都是有链接关系的，也就是构成一个有向完全图。

$$WS(V_i)=(1-d)+d*\sum_{V_j\in \mathrm{In}(V_i)}\left(\frac{w_{ji}}{\sum_{V_k\in \mathrm{Out}(V_j)} w_{jk}}WS(V_j)\right)$$

其中，$WS(V_i)$ 表示节点 V_i 的得分，w_{ji} 表示任意两个节点 V_i、V_j 之间边的权重，w_{jk} 表示任意两个节点 V_j、V_k 之间边的权重。

TextRank 算法被应用到关键词提取，与被应用在自动摘要主要有以下两点不同。

① 词与词之间的关联没有权重。

② 每个词不是与文档中所有词都有链接。

基于第一个不同点，在 TextRank 算法中的分数计算公式可退化为与 PageRank 算法一致，将得分平均贡献给每个链接的词。

$$WS(V_i)=(1-d)+d*\sum_{j\in \mathrm{In}(V_j)}\left(\frac{1}{|\mathrm{Out}(V_j)|}WS(V_j)\right)$$

对于第二个不同点，既然每个词不是与所有词都有链接，那么链接关系要怎么界定？当 TextRank 算法被应用在关键词提取时，学者们提出了窗口的概念。在窗口中的词之间都有链接关系。

7.4 LSA/LSI/LDA 算法

一般来说，TF-IDF 算法和 TextRank 算法就能满足大部分关键词提取的任务。但是在某些场景中，关键词并不一定会显式地出现在文档中。例如一篇讲动物生存环境的科普文，通篇介绍了狮子、老虎、鳄鱼等各种动物的情况，但是文中并没有显式地出现“动物”二字。在这种情况下，前面两种算法显然不能提取出“动物”这个隐含的主题信息，这时候就需要用到主题模型算法。

主题模型算法认为词和文档应该用一个维度串联起来，并将这个维度设为主题。每个文档都应该对应一个或多个主题，每个主题都有对应的词分布，就可以通过主题，得到每个文档的词分布。

主题模型算法的计算公式为

$$P(w_j \mid d_i) = \sum_{k=1}^{K} (P(w_j \mid z_k) P(z_k \mid d_i)$$

在一个已知的数据集中，每个词和文档对应的 $P(w_j \mid d_i)$ 都是已知的。而主题模型算法就是根据这个已知的信息，通过计算 $P(w_j \mid z_k)$ 和 $P(z_k \mid d_i)$ 的值，得到主题的词分布和文档的主题分布信息。而要想得到这个分布信息，常用的方法就是 LSA（潜在语义分析）或 LSI（潜在语义索引）算法和 LDA（隐狄利克雷分布）算法，其中 LSA 主要是采用 SVD（奇异值分解）的方法进行暴力破解，而 LDA 则是通过贝叶斯统计的方法对分布信息进行拟合。

7.4.1 LSA/LSI 算法

LSA 算法和 LSI 算法，经常被当作同一个算法，它们的区别在于应用场景略有不同。LSA 算法与 LSI 算法全都是对文档的潜在语义进行分析，并运用分析得出的结果建立相关的索引。

LSA 算法的主要步骤如下。

① 使用 BOW（词袋）模型把每个文档表示为向量。

【注意】BOW 模型会忽略文档的语法和语序等要素，仅仅将文档看作若干个词汇的集合，文档中每个单词的出现都是独立的。BOW 模型使用一组无序的单词来表达一段文字或一个文档。近年来，BOW 模型被广泛应用于计算机视觉中。

② 将全部的文档词向量排在一起构成词–文档矩阵（$\boldsymbol{m}\times\boldsymbol{n}$）。

③ 对词–文档矩阵[$(\boldsymbol{m}\times r)\cdot(r\times r)\cdot(r\times\boldsymbol{n})$]进行 SVD 操作。

④ 根据 SVD 操作的结果，将词–文档矩阵映射到一个更低维度 $k[(\boldsymbol{m}\times k)\cdot(k\times k)\cdot(k\times\boldsymbol{n}), 0<k<r]$的近似 SVD 的结果，每一个词和文档都能够表示为由 k 个主题构成的空间中的单个点。计算每个词和文档的相似度（可以使用余弦相似度或 KL（相对熵）相似度进行计算），能够得出在每一个文档中每个词的相似度结果，相似度最高的一个词即文档的关键词。

LSA 算法利用 SVD 把文档、词映射到一个低维的语义空间，发掘出词、文档的浅层语义信息，可以从本质上表达词、文档，利用文本有限的语义信息的同时，极大地降低计算的成本，提高了分析的质量。

LSA 算法是一个初级的主题模型算法，也存在不少缺点。SVD 的计算复杂度很高，在特征空间维度较大的情况下，计算效率非常低。另外，LSA 算法提取的分布信息是以已有数据集为基础，当一个新的文档进入已有的特征空间时，要重新训练整个空间，才可得到加入新文档后对应的分布信息。此外，LSA 算法存在物理解释性薄弱、对词的频率分布不敏感等诸多问题。为了解决以上问题，学者们在 LSA 算法原有的基础上优化升级，研究出 pLSA 算法，运用最大期望算法对分布信息进行拟合，代替最初使用 SVD 暴力破解的方式，弥补了 LSA 算法的部分缺陷。随后学者们以 pLSA 为基础，引进贝叶斯模型，实现了主题模型的主流方法——LDA 算法。

7.4.2 LDA 算法

LDA 算法是由狄利克雷等人于 2003 年提出的，以贝叶斯理论为基础，通过对词的共现信息进行分析，拟合出词–文档–主题的分布，从而把词、文本都映射到一个语义空间中。LDA 算法假设主题中词的先验分布与文档中主题的先验分布全服从狄利克雷分布（“隐狄利克雷分布”这个名字的缘由）。在贝叶斯学派眼中，“先验分布+数据（似然）=后验分布”。首先统计已有的数据集，得出每一个主题对应词的多项式分布，以及每一篇文档中主题的多项式分布。然后结合贝叶斯学派的办法，依据先验的狄利克雷分布与观测数据得到的多项式分布，得出一组 Dirichlet-multi（多项分布和其共轭分布）共轭，并根据共轭推断主题中词的后验分布以及文档中主题的后验分布。

LDA 算法求解的主流方法为吉布斯采样。结合吉布斯采样的 LDA 算法的训练过程如下。

① 随机初始化：对语料中每一篇文档中的每一个词 w，随机赋予一个主题编号 z。

② 重新扫描语料库：按吉布斯采样公式重新采样每一个词 w 的主题，同时在语料库中进行更新。

③ 重复以上语料库的重新采样过程直至吉布斯采样收敛。

④ 统计语料库的主题词共现频率矩阵，即 LDA 算法模型。

完成以上步骤可以获得一个训练好的 LDA 算法模型，后面就可以按照一定的方式对新文档的主题进行预估，具体步骤如下。

① 随机初始化：对当前文档中的每个词 w，随机赋予一个主题编号 z。

② 重新扫描当前文档，按照吉布斯采样公式，重新采样当前文档中每个词的主题。

③ 重复以上过程一直到吉布斯采样收敛。

④ 统计文档中的主题分布，即预估结果。

LDA 算法的具体流程看起来似乎并不复杂，但是有许多需要注意的地方，例如，如何确定共轭分布中的超参，如何通过狄利克雷分布和多项式分布得到共轭分布，怎么实现吉布斯采样，等等。

根据上面介绍的 LSA 算法或 LDA 算法，获得文档对主题的分布和主题对词的分布后，就能根据该分布信息计算文档和词的相似性，继续获得文档中最相似的词列表，最终获得文档的关键词。

7.5 从数据集中提取文本关键词

之前学习了关键词提取的常用算法，接下来我们运用这些算法从一个数据集中提取关键词。本章代码主要应用 jieba 和 Gensim：应用 jieba 工具中的 analyse 模块封装的 TextRank 算法；调用 Gensim 的 LSI、LDA 算法模型接口。Gensim 是一个开源的第三方 Python 工具包，用于对原始的非结构化的文本进行从无监督学习到文本隐藏层的主题向量操作，支持 TF-IDF、LSA、LDA 和 word2vec 算法，提供信息检索、相似度计算等 API。

在命令行中输入 pip install genism 和 pip install jieba 命令，安装相应的工具。

```
pip install genism
pip install jieba
```

通过之前的学习，我们了解到除了 TextRank 算法，其余两类算法都要在一个已知的数据集中提取关键词，因此需要先导入一个由多个文本组成的数据集。导入的数据集是一段完整的文字，如果想实现关键词提取算法，要对所有输入的文本进行分词。

分词后的每一个文档都能作为一系列词的集合，为之后的操作奠定基础。但在一个文档中除了能表达文章信息的实词以外，还有很多“的”“地”等虚词和一些无意义的词，这些词不是要提取的关键词且会阻碍算法的运行，被称为干扰词。在算法运算前，需要去除停用词，因此在程序中首先要加载一个受控的停用词表。在中文自然语言处理中较常用的停用词表为哈尔滨工业大学的停用词表，表中包含许多中文文本常见的干扰词。在实际项目中，用户可根据具体项目和应用场景，建立和维护一个合适的停用词表。

综上所述，我们可以得出关键词提取算法需要执行的步骤如下。

① 加载文档数据集。

② 加载停用词表。

③ 对数据集进行分词，参照停用词表过滤干扰词。

④ 依据数据集训练算法。

根据训练好的关键词提取算法，提取新文档中的关键词要经过以下环节。

① 对新文档进行分词。

② 根据停用词表，过滤干扰词。

③ 根据训练好的算法提取关键词。

下面我们来实现一个完整的关键词提取算法。

① 引入相关库。

```
import math
import jieba
import jieba.posseg as psg
from gensim import corpora, models
from jieba import analyse
import functools
```

② 加载停用词表。

```
#定义加载停用词表的函数 get_stopword_list()
def get_stopword_list():
#停用词表存储路径
stop_word_path = './stopword.txt'
#每一行为一个词，可按行读取加载停用词表，同时进行编码转换确保匹配准确率
stopword_list = [sw.replace('\n', '') for sw in open(stop_word_path,encoding=
'utf-8').readlines()]
  return stopword_list
```

③ 分词，使用 jieba 分词。定义分词方法 seg_to_list()。其中参数 pos 用于判断是否采用词性标注。

```
def seg_to_list(sentence, pos=False) :
    if not pos:
    #不进行词性标注的分词方法
    seg_list = jieba.cut ( sentence)
    else:
    #进行词性标注的分词方法
    seg_list = psg.cut( sentence)
    return seg_list
```

④ 过滤干扰词。依据分词结果过滤干扰词，先根据 pos 判断是否过滤除名词外的其他词性，再判断长度是否大于等于 2，词是否在停用词表中等条件。

```
#定义去除干扰词函数
def word_filter ( seg_list, pos=False ) :
  stopword_list = get_stopword_list( )
  filter_list = [ ]
#不进行词性过滤，则将词性都标记为 n，表示全部保留
for seg in seg_list:
  if not pos:
        word = seg
        flag = 'n'
  else:
        word = seg.word
        flag = seg.flag
  if not flag.startswith('n'):
        continue
  #过滤停用词表中的词，以及长度为<2 的词
```

```
    if not word in stopword_list and len(word) > 1:
        filter_list.append(word)
    return filter_list
```

⑤ 加载数据集。首先获得由非干扰词组成的词语列表。然后对数据集中的数据进行分词并过滤干扰词，原始数据集为单个文件，文件中的每一行是一个文本。每个文本最终变成一个由非干扰词组成的词语列表。

```
#数据加载，pos 表示是不是词性标注的参数，corpus_path 表示数据集路径
def load_data(pos=False, corpus_path='./corpus.txt'):
    #处理后的数据只保留非干扰词
    doc_list = []
    for line in open(corpus_path, 'r',encoding='utf-8'):
        #去除每一行的前后空格
        content = line.strip()
        #分词
        seg_list = seg_to_list(content, pos)
        #去干扰词
        filter_list = word_filter(seg_list, pos)
        doc_list.append(filter_list)
    return doc_list
```

⑥ 使用 TF-IDF 算法提取关键词。所有算法都有各自的特点，TF-IDF 算法依据数据集生成相应的 IDF 值词典，并在计算每一个词的 TF-IDF 值时，直接从词典中读取 IDF 值。LSI 算法和 LDA 算法依据现有的数据集生成主题–词分布矩阵与文档–主题分布矩阵。

```
#idf 值统计方法
def train_idf(doc_list):
    idf_dic = {}
    #总文档数
    tt_count = len(doc_list)
    #每个词出现在多少个文档中
    for doc in doc_list:
        for word in set(doc):
            #获取词在 idf_dic 词典中出现的次数（若词典中无该词，默认取 0.0，然后加 1.0）
            idf_dic[word] = idf_dic.get(word, 0.0) + 1.0
    #将每个词出现的文档数按公式转换为 IDF 值，分母加 1 进行平滑处理
    for k, v in idf_dic.items():
```

```
        idf_dic[k] = math.log(tt_count / (1.0 + v))
    #没有在词典中的词，默认其仅在一个文档中出现，得到默认 idf 值
    default_idf = math.log(tt_count / (1.0))
    return idf_dic, default_idf
```

⑦ 定义排序函数，用于将 topK 关键词按值排序。cmp()函数的作用：在输出 topK 关键词时，首先按关键词的权值排序，分值相同时依据关键词的计算分值来排序。

```
#定义排序函数，用于将 topK 关键词按值排序
def cmp(e1, e2):
    import numpy as np
    res = np.sign(e1[1] - e2[1])
    if res != 0:
        return res
    else:
        a = e1[0] + e2[0]
        b = e2[0] + e1[0]
        if a > b:
            return 1
        elif a == b:
            return 0
        else:
            return -1
```

⑧ 使用 TF-IDF 算法提取关键词。依据要处理的文本，计算每个词的 TF 值，并且获得训练好的 IDF 数据，获取每个词的 IDF 值，综合计算每个词的 TF-IDF 值。

TF-IDF 算法的传入参数有 4 个：word_list 是进行分词、去除干扰词后的待提取关键词文本，是一个由非干扰词组成的列表；idf_dic 是之前训练好的 IDF 数据；default_idf 为默认的 IDF 值；keyword_num 决定了需要提取多少个关键词。

```
#TF-IDF 类
class TfIdf(object):
    #4 个参数分别是：训练好的 IDF 数据，默认 IDF 值，处理后的待提取文本，提取关键词数量
    def __init__(self, idf_dic, default_idf, word_list, keyword_num):
        self.word_list = word_list
        self.idf_dic, self.default_idf = idf_dic, default_idf
        self.tf_dic = self.get_tf_dic()
        self.keyword_num = keyword_num
```

```
    #统计 TF 值
    def get_tf_dic(self):
        tf_dic = {}
        for word in self.word_list:
            tf_dic[word] = tf_dic.get(word, 0.0) + 1.0

        tt_count = len(self.word_list)
        for k, v in tf_dic.items():
            tf_dic[k] = float(v) / tt_count

        return tf_dic

    #按公式计算 TF-IDF 值
    def get_tfidf(self):
        tfidf_dic = {}
        for word in self.word_list:
            idf = self.idf_dic.get(word, self.default_idf)
            tf = self.tf_dic.get(word, 0)

            tfidf = tf * idf
            tfidf_dic[word] = tfidf

        tfidf_dic.items()
        #根据 TF-IDF 排序，将排名前 keyword_num 的词作为关键词
        for k, v in sorted(tfidf_dic.items(), key=functools.cmp_to_key(cmp),
reverse=True)[:self.keyword_num]:
            print(k + "/ ", end='')
        print()
```

以下主题模型方法实现了 LSI 算法、LDA 算法，用户可依据以下传入的参数模型来选择。

① doc_list：之前数据集加载方法的返回结果。

② keyword_num：之前数据集加载方法返回结果的个数，是指关键词数量。

③ model：本主题模型的具体算法，可被传入 LSI 算法、LDA 算法，默认是 LSI 算法。

④ num_topics：主题模型的主题数量。

关键词提取的算法实现如下。

```
#主题模型
class TopicModel(object):
    def __init__(self, doc_list, keyword_num, model='LSI', num_topics=4):
        #使用 Gensim 的接口，将文本转为向量化表示
        #先构建词空间
        self.dictionary = corpora.Dictionary(doc_list)
        #使用 BOW 模型对词空间向量化
        corpus = [self.dictionary.doc2bow(doc) for doc in doc_list]
        #根据 TF-IDF 算法对每个词进行加权，得到加权后的向量化表示
        self.tfidf_model = models.TfidfModel(corpus)
        self.corpus_tfidf = self.tfidf_model[corpus]

        self.keyword_num = keyword_num
        self.num_topics = num_topics
        #选择加载的模型
        if model == 'LSI':
            self.model = self.train_lsi()
        else:
            self.model = self.train_lda()
        #得到数据集的主题-词分布
        word_dic = self.word_dictionary(doc_list)
        self.wordtopic_dic = self.get_wordtopic(word_dic)

    def train_lsi(self):
        lsi = models.LsiModel(self.corpus_tfidf, id2word=self.dictionary,
num_topics=self.num_topics)
        return lsi

    def train_lda(self):
        lda = models.LdaModel(self.corpus_tfidf, id2word=self.dictionary,
num_topics=self.num_topics)
        return lda

    def get_wordtopic(self, word_dic):
        wordtopic_dic = {}

        for word in word_dic:
            single_list = [word]
```

```
            wordcorpus = self.tfidf_model[self.dictionary.doc2bow(single_list)]
            wordtopic = self.model[wordcorpus]
            wordtopic_dic[word] = wordtopic
        return wordtopic_dic

    #计算词分布和文档分布的相似度，取相似度高的 keyword_num 个词作为关键词
    def get_simword(self, word_list):
        sentcorpus = self.tfidf_model[self.dictionary.doc2bow(word_list)]
        senttopic = self.model[sentcorpus]

    #使用余弦相似度计算相似度
        def calsim(l1, l2):
            a, b, c = 0.0, 0.0, 0.0
            for t1, t2 in zip(l1, l2):
                x1 = t1[1]
                x2 = t2[1]
                a += x1 * x1
                b += x1 * x1
                c += x2 * x2
            sim = a / math.sqrt(b * c) if not (b * c) == 0.0 else 0.0
            return sim

        #计算输入文本和每个词的主题分布相似度
        sim_dic = {}
        for k, v in self.wordtopic_dic.items():
            if k not in word_list:
                continue
            sim = calsim(v, senttopic)
            sim_dic[k] = sim
        for k, v in sorted(sim_dic.items(), key=functools.cmp_to_key(cmp),
reverse=True)[:self.keyword_num]:
            print(k + "/ ", end='')
        print()
    #没有 Gensim 接口时，使用词空间构建方法和向量化方法
    def word_dictionary(self, doc_list):
        dictionary = []
        for doc in doc_list:
            dictionary.extend(doc)
```

```
        dictionary = list(set(dictionary))
        return dictionary
    def doc2bowvec(self, word_list):
        vec_list = [1 if word in word_list else 0 for word in self.dictionary]
        return vec_list
```

封装以上算法，需要统一调用接口。

```
def tfidf_extract(word_list, pos=False, keyword_num=10):
    doc_list = load_data(pos)
    idf_dic, default_idf = train_idf(doc_list)
    tfidf_model = TfIdf(idf_dic, default_idf, word_list, keyword_num)
    tfidf_model.get_tfidf()

def textrank_extract(text, pos=False, keyword_num=10):
    textrank = analyse.textrank
    keywords = textrank(text, keyword_num)
    #输出提取的关键词
    for keyword in keywords:
        print(keyword + "/ ", end='')
    print()

def topic_extract(word_list, model, pos=False, keyword_num=10):
    doc_list = load_data(pos)
    topic_model = TopicModel(doc_list, keyword_num, model=model)
    topic_model.get_simword(word_list)
```

对算法进行测试。

```
if __name__ == '__main__':
    text = '永磁电机驱动的纯电动大巴车坡道起步防溜策略。本发明公开了一种永磁电机驱动的纯电动大巴车坡道起步防溜策略，即制动踏板已被踩下、永磁电机转速小于设定值并持续一定时间，整车控制单元产生一个刹车触发信号。当油门踏板开度小于设定值，且挡位装置为非空挡时，电机控制单元产生一个防溜功能使能信号并自动进入防溜控制，使永磁电机受控于某个目标转速并进入转速闭环，若整车控制单元检测到制动踏板仍然被踩下，则限制永磁电机输出力矩，否则，恢复永磁电机输出力矩；当整车控制单元检测到油门踏板开度大于设定值，且挡位装置为空挡或手刹装置处于驻车位置时，则退出防溜控制，同时切换到力矩控制。本策略不需要更改现有车辆结构或添加辅助传感器等硬件设备，就能达到车辆防溜目的。'
    pos = True     #不使用词性过滤，pos=False 时表示使用词性过滤
    seg_list = seg_to_list(text, pos)
    filter_list = word_filter(seg_list, pos)
    print('TF-IDF: ')
```

```
    tfidf_extract(filter_list)
    print('TextRank: ')
    textrank_extract(text)
    print('LSI: ')
    topic_extract(filter_list, 'LSI', pos)
    print('LDA: ')
    topic_extract(filter_list, 'LDA', pos)
```

对以上几个算法不进行词性过滤得出的结果如下。

```
TF-IDF:
电机/ 永磁/ 踏板/ 策略/ 单元/ 整车/ 力矩/ 装置/ 设定值/ 电动/
TextRank:
控制/ 电机/ 单元/ 踏板/ 车辆/ 策略/ 整车/ 转速/ 装置/ 力矩/
LSI:
时间/ 目的/ 产生/ 结构/ 功能/ 目标/ 刹车/ 硬件/ 车辆/ 装置/
LDA:
产生/ 结构/ 功能/ 目标/ 刹车/ 单元/ 硬件/ 车辆/ 装置/ 信号/
```

使用词性过滤后得出的结果如下。

```
TF-IDF:
电机/ 防溜/ 永磁/ 控制/ 踏板/ 策略/ 单元/ 转速/ 整车/ 力矩/
TextRank:
控制/ 电机/ 单元/ 踏板/ 车辆/ 策略/ 整车/ 转速/ 装置/ 力矩/
LSI:
时间/ 目的/ 进入/ 产生/ 达到/ 持续/ 检测/ 公开/ 一定/ 一种/
LDA:
产生/ 结构/ 自动/ 检测/ 功能/ 恢复/ 目的/ 持续/ 目标/ 一定/
```

7.6 本章小结

本章首先介绍了关键词提取技术的概念，然后系统讲解了文本关键词提取技术的常用算法及其原理步骤，涉及 TF-IDF 算法、TextRank 算法、LSA/LSI/LDA 算法等。其中 TF-IDF 算法是基于一个现成的词库；TextRank 算法则是脱离词库，仅对单篇文档进行分析并提取其中的关键词，早期被应用于文档的自动摘要；LDA 算法通过对词的共现信息进行分析，拟合出词–文档–主题的分布，从而把词、文本都映射到一个语义空间中，获得文档对主题的分布和主题对词的分布，并通过这些信息抽取关键词。

第 8 章 词向量算法

文本表示是自然语言处理中的基础工作，对后续工作有着重要影响。为此，研究者对文本表示进行了大量的研究，以提高自然语言处理系统的性能。文本向量化是文本表示的一种重要方式，将文本表示成一系列能够表达文本语义的向量。无论是中文还是英文，词语都是表达文本处理的基本单元。当前阶段，研究者对文本向量化大部分的研究都是通过将文本词向量化实现的，也有研究者使用 doc2vec 和 str2vec 技术，将句子作为文本处理的基本单元。

文本向量化的方法有很多，掌握 word2vec 算法和 doc2vec 算法是学习文本向量化比较有效的方式。

- 掌握 word2vec 算法的概念及模型原理。
- 掌握 doc2vec 算法的概念及模型原理。
- 学会使用 word2vec 算法和 doc2vec 算法实现文本向量化。

8.1 word2vec 算法

BOW 模型是最早的以词语为基本处理单元的文本向量化方法。BOW 模型的原理举例如下。

首先给出两个简单的文档。

```
Mike likes to watch news, Bob likes too.
Mike also likes to watch Basketball games.
```

基于上述两个文档中出现的单词，构建以下词典。

```
{"Mike": 1, "likes": 2, "to": 3, "watch": 4, "news": 5, "also": 6, "Basketball":
7, "games": 8, "Bob": 9, "too": 10}
```

上面的词典包含 10 个单词，每个单词都有唯一的索引，那么每个文档都可以用一个 10 维向量表示。

```
[1, 2, 1, 1, 1, 0, 0, 0, 1, 1]
[1, 1, 1, 1, 0, 1, 1, 1, 0, 0]
```

以上向量是词典中每个单词在文档中出现的频率，与原来文档中单词出现的顺序没有关系。该方法虽然简单，但是存在以下问题。

① 存在维度灾难。

② 无法保留词序信息。

③ 存在语义鸿沟的问题。

随着互联网技术的发展，互联网上的数据量急剧增加，其中具有大量无标注的数据，这些数据中蕴含着丰富的信息。word2vec（词向量）算法就是为了从大量无标注文本中提取有用信息而产生的。

一般来说，词语是表达语义的基本单元。BOW 模型只是将词语符号化，所以 BOW 模型不包含语义信息。如何使“词表示”包含语义信息是该领域研究者面临的问题。分布假说的提出为解决上述问题提供了理论基础。该假说的核心思想是，上下文相似的词，其语义也相似。下面将介绍基于神经网络构建词向量的方法。

通过语言模型构建上下文与目标词之间的关系是一种常见的方法。神经网络词向量模型就是根据上下文与目标词之间的关系进行建模的。在研究初期，词向量只是训练神经网络语言模型时的副产品，而后神经网络语言模型对后期词向量的发展方向产生了决定性的作用。接下来我们将重点介绍常见的生成词向量的神经网络语言模型（NNLM）。

8.1.1 神经网络语言模型

在 21 世纪初，研究人员试着使用神经网络求解二元语言模型，NNLM 被正式提出。与传统方法估算的 n 元条件概率 $P(w_i \mid w_{i-(n-1)},\cdots,w_{i-1})$ 不同，NNLM 直接通过一个神经网络结构进行估算。NNLM 的基本结构如图 8-1 所示。

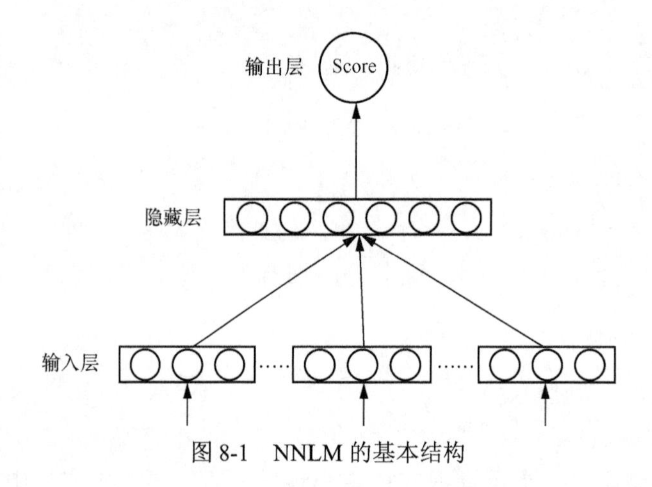

图 8-1 NNLM 的基本结构

NNLM 的操作过程：从语料库中搜集一系列长度为 n 的文本序列 $(w_{i-(n-1)},\cdots,w_{i-1},w_i)$，假设这些长度为 n 的文本序列组成的集合为 D，那么 NNLM 的目标函数为

$$\sum_D P(w_i \mid w_{i-(n-1)},\cdots,w_{i-1})$$

上式的含义是，在输入词序列为 $(w_{i-(n-1)},\cdots,w_{i-1})$ 的情况下，计算目标词为 w_i 的概率。

图 8-1 所示的 NNLM 是经典的三层前馈神经网络结构，其包括三层：输入层、隐藏层和输出层。为解决 BOW 模型数据稀疏问题，输入层的输入为低维度的、紧密的词向量，输入层的操作就是将词序列 $(w_{i-(n-1)},\cdots,w_{i-1})$ 中的每个词向量按顺序拼接，可用公式表示为

$$\boldsymbol{x}=[v(w_{i-(n-1)});\cdots;v(w_{i-2});v(w_{i-1})]$$

其中，v 表示将词转换为词向量。输入层得到式子的 $\boldsymbol{x}$ 后，将 $\boldsymbol{x}$ 输入隐藏层得到 $\boldsymbol{h}$，再将 $\boldsymbol{h}$ 接入输出层得到最后的输出变量 $\boldsymbol{y}$，计算公式为

$$\boldsymbol{h}=\tan \boldsymbol{h}(b+\boldsymbol{Hx})$$

$$y = b + Uh$$

式中，H 为输入层到隐藏层的权重矩阵，维度为$|h|\times(n-1)|e|$；U 为隐藏层到输出层的权重矩阵，维度为$|V|\times|h|$,$|V|$表示词表的大小，其他绝对值符号类似；b 为模型中的偏置项。NNLM 中计算量最大的操作就是从隐藏层到输出层的矩阵运算 Uh。输出变量 y 是一个$|V|$维的向量，该向量的每一个分量依次对应下一个词为词表中某个词的可能性。用 $y(\omega)$ 表示由NNLM计算得到的目标词w的输出量，为保证输出 $y(\omega)$ 的表示概率，需要对输出层进行归一化操作。一般会在输出层后加入 Softmax 函数，将 y 转成对应的概率值，可用公式表示为

$$P(w_i \mid w_{i-(n-1)},\cdots,w_{i-1}) = \frac{\exp(y(w_i))}{\sum_{k=1}^{|V|}\exp(y(w_k))}$$

NNLM 有两大优势：一方面，NNLM 使用低维紧凑的词向量对上文进行表示，解决了 BOW 模型存在的数据稀疏、语义鸿沟等问题，显然 NNLM 是一种更好的 n 元语言模型；另一方面，在相似的上下文语境中，NNLM 可以预测出相似的目标词，相对传统模型是一个比较大的优势。例如，在某语料中 A=“一只小狗躺在地毯上”出现了 2000 次，而 B=“一只猫躺在地毯上”出现了 1 次。根据频率来计算概率，P_A 要远远大于 P_B，而语料 A 和 B 唯一的区别在于猫和狗，这两个字无论在意思和语法上都相似，而 P_A 远大于 P_B 显然是不合理的。采用 NNLM 计算得到的 P_A 和 P_B 则是相似的，这因为 NNLM 采用低维的向量表示词语，假定相似词的词向量也应该相似。

如前所述，输出的 $y(\omega)$ 代表上文出现词序列（$w_{i-(n-1)},\cdots,w_{i-1}$）的情况下，下一个词为 w_i 的概率，因此在语料库 D 中 NNLM 的目标函数是值为最大的 $y(\omega)$ 函数。对应的 w_i 作为预测值，可用公式表示为

$$\sum_{w_{i-(n-1),i\in D}} \lg P(w_i \mid w_{i-(n-1)},\cdots,w_{i-1})$$

使用随机梯度下降算法对 NNLM 进行训练。在训练每个批次时，随机从语料库 D 中抽取若干样本进行训练。梯度迭代公式为

$$\theta:\theta+\alpha\frac{\partial \lg P(w_i \mid w_{i-(n-1)},\cdots,w_{i-1})}{\partial\theta}$$

其中，α 是学习率；θ 是模型中涉及的所有参数，包括权重、偏置以及输入的词向量。

8.1.2 C&W 模型

NNLM 的目标是构建一个语言概率模型，而 C&W（预报告警）模型则是以直接生成词向量为目标。在 NNLM 的求解中，最费时的部分当数隐藏层到输出层的权重计算。C&W 模型没有采用语言模型的方式去求解词语上下文的条件概率，而是直接对 n 元短语打分，这是一种快速获取词向量的方式。C&W 模型的结构如图 8-2 所示，其核心思想是，在语料库中出现过的 n 元短语，会得到较高的评分；反之则会得到较低的评分。

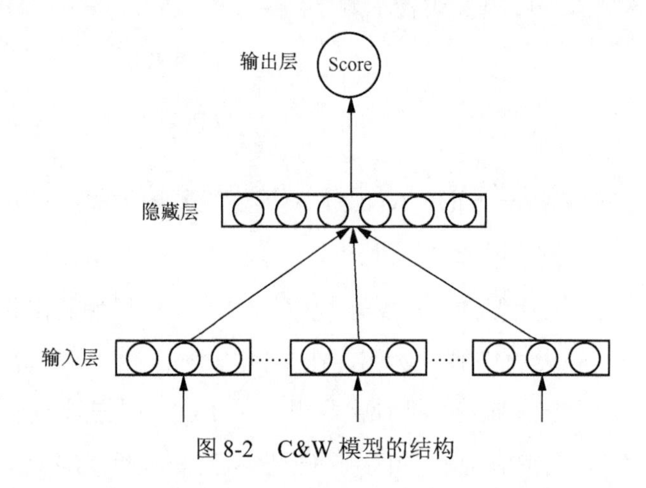

图 8-2　C&W 模型的结构

对于整个语料库而言，C&W 模型需要优化的目标函数为

$$\sum_{(w,c)\in D}\sum_{w'\in V}\max(0,1-\text{score}(w,c)+\text{score}(w',c))$$

其中，(ω,c) 为从语料中抽取的 n 元短语，为保证上下文词数的一致性，n 应为奇数，ω 是目标词，c 表示目标词的上下文语境；ω' 是从词典中随机抽取的一个词语。C&W 模型采用成对词语对目标函数进行优化。

对上式进行分析可知，目标函数期望正样本的得分比负样本至少高 1 分。(ω,c) 表示正样本，来自语料库；(ω',c) 表示负样本，是将正样本序列中的中间词替换成其他词得到的。一般而言，用一个随机的词语替换正样本序列中的中间词，得到的新的文本序列大多数是不符合语法习惯的错误序列，因此这种构造负样本的方法是合理的。同时由于负样本仅仅由修改了正样本的一个词得来，因此其基本的语境没有改变，不会对分类效果造成太大影响。

与 NNLM 的目标词在输出层不同，C&W 模型的输入层就包含了目标词，其输出

层变为一个节点，该节点输出值的大小代表 n 元短语的评分高低。相应地，C&W 模型的最后一层运算次数为$|\boldsymbol{h}|$，远低于 NNLM 的$|V|\times|\boldsymbol{h}|$次。综上所述，较 NNLM 而言，C&W 模型可大大减少运算量。

8.1.3 CBOW 模型和 Skip-Gram 模型

为了更高效地获取词向量，研究者综合了 NNLM 和 C&W 模型的核心部分，得到了 CBOW（连续词袋）模型和 Skip-Gram 模型。下面介绍这两种模型。

1. CBOW 模型

CBOW 模型的结构如图 8-3 所示。该模型使用一段文本的中间词作为目标词，同时去掉隐藏层，大幅提升了运算速率。此外，CBOW 模型使用上下文中词的词向量的平均值替代 NNLM 各个拼接的词向量。CBOW 模型去除了隐藏层，所以其输入层就是语义上下文。

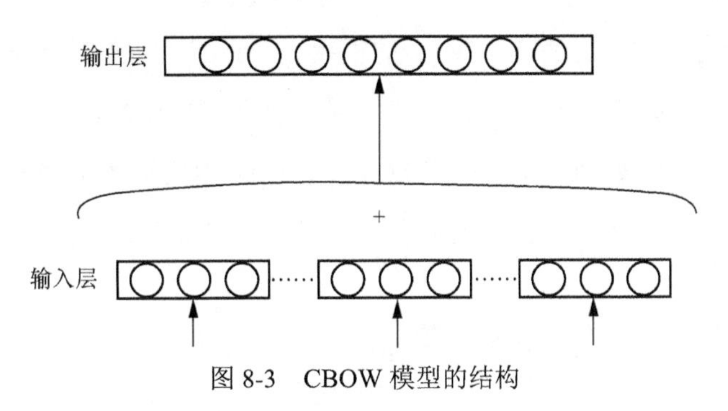

图 8-3 CBOW 模型的结构

在 CBOW 模型中，所有的词被编码成 one-hot 向量，V 为总词语数。输入层的 one-hot 向量经过 $\boldsymbol{W}_{V\times N}$矩阵后，被压缩为只有 N 个元素的向量 $\boldsymbol{h}$，之后经过 $\boldsymbol{W}'$矩阵，得到偏移后的矩阵 $\boldsymbol{u}$。于是 CBOW 目标词的条件概率计算公式为

$$P(\boldsymbol{w}\mid c)=\frac{\exp(\boldsymbol{u}_j)}{\sum\limits_{w'\in V}\exp(\boldsymbol{u}'_j)}$$

CBOW 的目标函数与 NNLM 类似，最大化式为

$$\sum_{(\boldsymbol{w},c)\in D}\lg P(\boldsymbol{w}\mid c)$$

2. Skip-Gram 模型

Skip-Gram 模型的结构如图 8-4 所示，其同样没有隐藏层。与 CBOW 模型输入上

下文中词的词向量的平均值不同，Skip-Gram 模型是从目标词 ω 的上下文中选择一个词，将其词向量组成上下文。

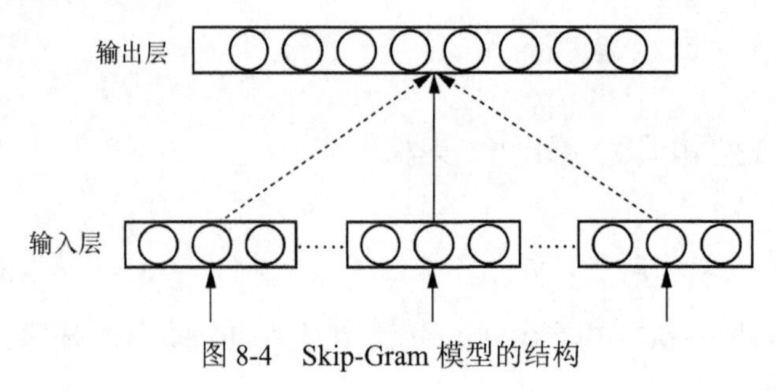

图 8-4　Skip-Gram 模型的结构

对整个语料而言，Skip-Gram 模型的目标函数为

$$\max\left(\sum_{(w,c)\in D}\sum_{w_{j\in c}}\lg P(\boldsymbol{w}\mid \boldsymbol{w}_j)\right)$$

Skip-Gram 模型和 CBOW 模型实际上是 word2vec 算法两种不同思想的实现。CBOW 模型根据上下文来预测当前词语的概率，且上下文所有的词对当前词出现概率的影响的权重一样。如在袋子中取词，取出数量足够的词就可以了，取出的先后顺序则是无关紧要的。Skip-Gram 模型刚好相反，它根据当前词语来预测上下文概率。在实际使用中，算法本身并无优劣之分，用户需要根据呈现的效果进行选择。

8.2 doc2vec/str2vec 算法

上一节介绍了 word2vec 算法的思想原理以及生成词向量神经网络模型的常见方法。word2vec 算法基于分布假说理论可以很好地提取词语的语义信息，因此，利用 word2vec 算法计算词语间的相似度能实现非常好的效果。同样 word2vec 算法也用于计算句子或者其他长文本间的相似度，一般做法是首先对文本分词，提取其关键词，用词向量表示这些关键词，然后对关键词向量求平均或者将其拼接，最后利用词向量计算文本间的相似度。这种方法丢失了文本中的语序信息，而文本的语序包含重要信息。例如，“小方送给小兰一个苹果”和“小兰送给小方一个苹果”，虽然组成两个句子的词语相同，但是表达的信息完全不同。为了充分利用文本语序信息，研究者在 word2vec 算法的基础上提出了文本向量化（doc2vec）算法，又称为 str2vec 或 para2vec。下面介绍 doc2vec 算法的相关原理。

在 word2vec 算法崭露头角时，谷歌的工程师区奥克・李和托马斯・米科洛夫在 word2vec 算法的基础上进行拓展，提出了 doc2vec 算法。doc2vec 算法存在两种模型 DM 和 DBOW，分别对应 word2vec 算法中的 CBOW 和 Skip-Gram 模型。与 CBOW 模型类似，DM 模型试图预测给定上下文中某个单词出现的概率，只不过 DM 模型的上下文不仅包括上下文单词，而且包括相应的段落。DBOW 模型则在仅给定段落向量的情况下预测段落中一组随机单词的概率，与 Skip-Gram 模型只给定一个词语预测目标词的概率分布类似。

与 CBOW 模型相比，DM 模型增加了一个与词向量长度相等的段落向量，也就是说 DM 模型结合词向量和段落向量预测目标词的概率分布。DM 模型的结构如图 8-5 所示。在训练的过程中，DM 模型增加了一个段落 ID。和普通的 word2vec 算法一样，段落 ID 也是先被映射成一个向量，即段落矩阵。段落矩阵与段落向量的维数虽然一样，但是代表一个不同的向量空间。在之后的计算中，段落矩阵和段落向量累加或者拼接起来，被输入 Softmax 层。在一个句子或者文档的训练过程中，段落 ID 保持不变，共享同一个段落矩阵，相当于每次在预测单词的概率时，都利用整个句子的语义。在预测阶段，给待预测的句子重新分配一个段落 ID，词向量和输出层 Softmax 的参数与训练阶段得到的参数相同，重新利用随机梯度下降算法训练待预测的句子。待误差收敛后，即得到待预测句子的段落矩阵。

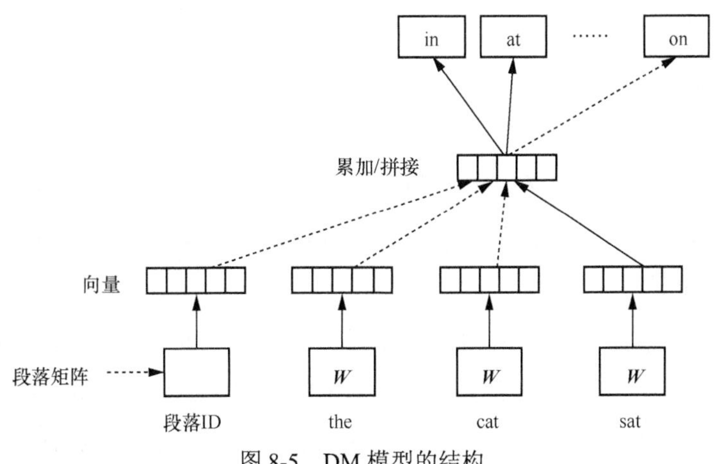

图 8-5　DM 模型的结构

DM 模型通过段落向量和词向量结合的方式预测目标词的概率分布，而 DBOW 模型输入的只有段落向量。DBOW 模型的结构如图 8-6 所示。DBOW 模型通过一个段落向量预测段落中某个随机词的概率分布。

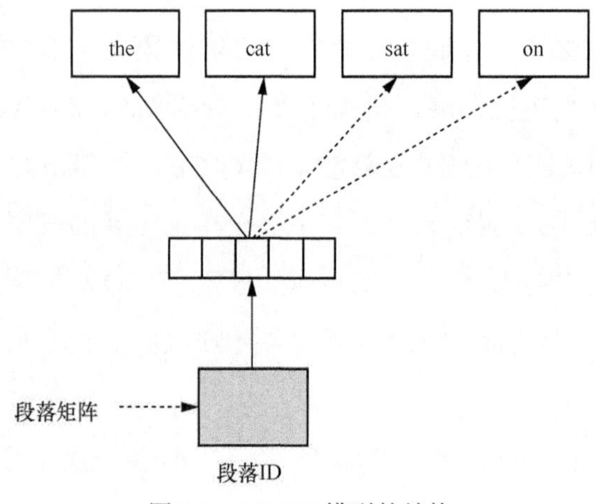

图 8-6　DBOW 模型的结构

8.3 将网页文本向量化

在实践中，向量化应用的场景常有不同，但文本向量化的训练和使用方式大同小异。本节将对网页文本数据进行向量化，重点介绍 word2vec 算法和 doc2vec 算法的使用过程。在这里，我们将采用 Gensim 库来完成实操演练。演练主要分为词向量的训练、段落向量的训练，以及利用 word2vec 算法和 doc2vec 算法计算网页相似度 3 个部分。

8.3.1　词向量的训练

统计自然语言处理任务多需要语料数据作为支撑，还需要对语料进行一定的预处理，因此本小节将词向量的训练分为语料预处理和词向量训练化两部分。

1．语料预处理

要训练词向量就必须有大量的语料库，当前有很多英文的语料库，中文语料库较少，这里我们采用维基百科的中文网页作为训练语料库。维基百科提供的语料是 xml 格式的，因此需要将其转换为 txt 格式。由于维基百科中有很多繁体中文网页，因此还需要将这些繁体字转换为简体字。另外，在用语料库训练词向量之前需要对中文句子进行分词，这里采用 jieba 分词，具体代码如下。

```
from gensim.corpora import WikiCorpus
import jieba
```

```
from langconv import *

def my_function():
    space = ' '
    i = 0
    l = []
    zhwiki_name = './data/zhwiki-latest-pages-articles.xml.bz2'
    f = open('./data/reduce_zhiwiki.txt', 'w' , encoding='utf-8')
    #从 xml 文件中读出的训练语料
    wiki = WikiCorpus(zhwiki_name, dictionary={})
    for text in wiki.get_texts():
        for temp_sentence in text:
            #将语料中的繁体字转换为简体字
            temp_sentence = Converter('zh-hans').convert(temp_sentence)
            #利用 jieba 对语料中的句子进行分词
            seg_list = list(jieba.cut(temp_sentence))
            for temp_term in seg_list:
                l.append(temp_term)
        f.write(space.join(l) + '\n')
        l = []
        i = i + 1

        if (i %200 == 0):
            print('Saved ' + str(i) + ' articles')
    f.close()

if __name__ == '__main__':
    my_function()
```

最后将数据预处理后的语料存入 reduce_zhiwiki.txt 文档。预处理后的语料如图 8-7 所示。

```
欧几里得 西元前 三 世纪 的 古希腊 数学家 现
作品 雅典 学院 数学 是 研究 数量 结构 变化
属于 形式 科学 的 一种 数学 透过 抽象化 和
这些 概念 对 数学 基本概念 的 完善 早 在 古
从 那时 开始 数学 的 发展 便 持续 不断 地
加速 发展 直至 今日 今日 数学 使用 在 不同
```

图 8-7 预处理后的语料

2. 词向量训练化

利用 Gensim 库训练词向量，如下列代码所示。代码的主要功能就是训练词向量，word2vec()函数中第一个参数是预处理后的训练语料库；第二个参数 sg=0 表示使用 CBOW 模型训练词向量（若 sg=1 表示利用 Skip-Gram 训练词向量）；第三个参数 vector_size 表示词向量的维度；第四个参数 window 表示当前词和预测词可能的最大距离，window 越大需要枚举的预测词越多，计算时间越长；第五个参数 min_count 表示出现的最少次数，如果一个词出现的次数小于 min_count，那么直接忽略该词；第六个参数 workers 表示训练词向量时使用的线程数。

```
#coding = utf-8
from gensim.models import word2vec
from gensim.models.word2vec import LineSentence
import logging

logging.basicConfig(format='%(asctime)s : %(levelname)s : %(message)s',
level=logging.INFO)

def my_function():
    wiki_news = open('./data/reduce_zhiwiki.txt', 'r', encoding='utf-8')
    model  =  word2vec(LineSentence(wiki_news),  sg=0,vector_size=192,  window=5,
min_count=5, workers=9)
    model.save('./data/zhiwiki_news.word2vec')

if __name__ == '__main__':
    my_function()
```

上文介绍了训练词向量时的相关代码，接下来将介绍训练词向量要用到的相关文件和操作步骤。

图 8-8 所示为训练词向量要用到的文件。zhwiki-latest-pages-articles.xml.bz2 存储了原始的中文语料库；material_data_pre_process.py 用于实现对中文语料的预处理；conversion_tool.py 和 zh_wiki.py 是将繁体中文转化成简体中文的文件。

训练词向量的步骤如下。

① 运行 material_data_pre_process.py 脚本，对原始中文语料库进行预处理，生成 reduce_ zhiwiki.txt 文档。

② 运行 word2vec_training.py 脚本，得到 zhiwiki_news 系列的 3 个文件，训练好

的词向量被存储在这 3 个文件中。

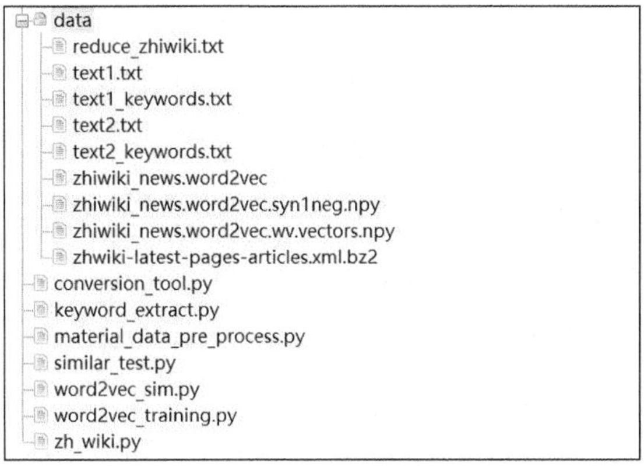

```
data
├─ reduce_zhiwiki.txt
├─ text1.txt
├─ text1_keywords.txt
├─ text2.txt
├─ text2_keywords.txt
├─ zhiwiki_news.word2vec
├─ zhiwiki_news.word2vec.syn1neg.npy
├─ zhiwiki_news.word2vec.wv.vectors.npy
└─ zhwiki-latest-pages-articles.xml.bz2
conversion_tool.py
keyword_extract.py
material_data_pre_process.py
similar_test.py
word2vec_sim.py
word2vec_training.py
zh_wiki.py
```

图 8-8　训练词向量要用到的文件

需要注意的是，由于使用的维基百科语料较多，读者对其进行预处理和词向量训练时需要等待较长时间。

下面的测试代码（详见 similar_test.py）就是利用词向量计算词语的相似度，找出与“足球”语义最相似的 10 个词，运行效果如图 8-9 所示。

```
#coding=utf-8
import genism
def my_function():

    model = gensim.models.word2vec.load('./data/zhiwiki_news.word2vec')
    print(model.wv.similarity('土豆','马铃薯'))  #相似度为 0.57
    print(model.wv.similarity('滴滴','出租车'))  #相似度为 0.46
    word = '足球'
    if word in model.wv.index_to_key:
        print(model.wv.most_similar(word))


if __name__ == '__main__':
    my_function()
```

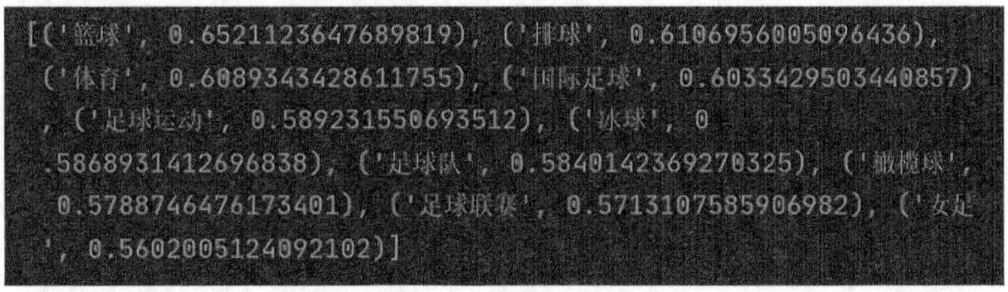

```
[('篮球', 0.6521123647689819), ('排球', 0.6106956005096436),
 ('体育', 0.6089343428611755), ('国际足球', 0.6033429503440857)
, ('足球运动', 0.589231550693512), ('冰球', 0
.5868931412696838), ('足球队', 0.5840142369270325), ('橄榄球',
 0.5788746476173401), ('足球联赛', 0.5713107585906982), ('女足
', 0.5602005124092102)]
```

图 8-9　运行效果

8.3.2 段落向量的训练

上一小节介绍了词向量的训练方法，本小节将对段落向量的训练方法进行介绍。与训练词向量类似，段落向量的训练分为训练数据预处理和训练段落向量两个步骤。我们通过定义 TaggedWikiDocument 来预处理数据，不需要对每个文档进行分词，直接保留转换后的简体文本。此外，doc2vec 算法在训练时能够采用标签信息来更好地辅助训练（表明是同一类文档），因此相对 word2vec 算法，输入文档多了标签属性。

在此先对 doc2vec 函数中每个参数的意思进行解释：第一个参数 documents 表示用于训练的语料文章；第二个参数 dm 表示训练时使用的模型种类，一般 dm 默认等于 1，这时默认使用 DM 模型（当 dm 等于其他值时，则使用 DBOW 模型训练段落向量）；第三个参数 dbow_words 如果等于 1，则跳过词向量训练而与普通 PV-DBOW 训练混合；第四个参数 vector_size 代表段落向量的维度；第五个参数 window 表示当前词和预测词可能的最大距离；第六个参数 min_count 表示词出现的最少次数；第七个参数 epochs 指的是训练过程中数据将被“轮”多少次；第八个参数 workers 表示训练段落向量时使用的线程数。具体代码如下。

```
#!/usr/bin/env python
#编码格式 utf-8

import gensim.models as g

from gensim.corpora import WikiCorpus
import logging
from conversion_tool import *
#开启日志功能
logging.basicConfig(format='%(asctime)s : %(levelname)s : %(message)s',
level=logging.INFO)

docvec_size=192
class TaggedWikiDocument(object):
    def __init__(self, wiki):
        self.wiki = wiki
        self.wiki.metadata = True
```

```
    def __iter__(self):
        import jieba
        for content, (page_id, title) in self.wiki.get_texts():
            yield g.doc2vec.TaggedDocument(words=[w for c in content for w in
jieba.cut(Converter('zh-hans').convert(c))], tags=[title])

def my_function():
    zhwiki_name = './data/zhwiki-latest-pages-articles.xml.bz2'
    #wiki = WikiCorpus(zhwiki_name, lemmatize=False, dictionary={})
    wiki = WikiCorpus(zhwiki_name, dictionary={})
    documents = TaggedWikiDocument(wiki)

    model = g.doc2vec(documents, dm=0, dbow_words=1, vector_size=docvec_size,
window=8, min_count=19, epochs=5, workers=8)
    model.save('data/zhiwiki_news.doc2vec')

if __name__ == '__main__':
    my_function()
```

运行 doc2vec_training_model.py 脚本，得到 zhiwiki_news 系列的 4 个文件，训练好的段落向量被存储在这 4 个文件中。段落向量的训练和词向量的训练差不多，由于语料数据较多，运行会非常缓慢，建议读者耐心等待。图 8-10 所示为训练段落向量要用到的文件。

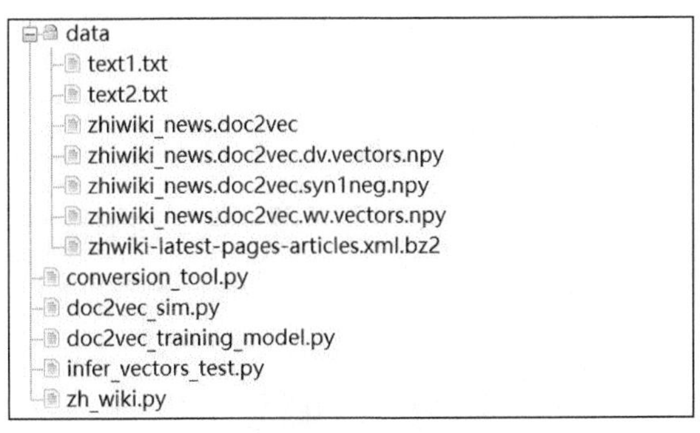

图 8-10 训练段落向量要用到的文件

8.3.3 利用 word2vec 算法和 doc2vec 算法计算网页相似度

前两节介绍了利用 Gensim 库训练词向量和段落向量的方法。本小节将利用训练好的词向量和段落向量对两篇关于天津全运会的新闻进行向量化，并计算两篇新闻的相似度。

新闻 1

6 日，第十三届全运会女子篮球成年组决赛在天津财经大学体育馆打响，中国篮协主席姚明到场观战。姚明在接受媒体采访时表示，天津全运会是全社会的体育盛会。他称赞了赛事保障与服务工作，并表示中国篮协将在未来的工作中挖掘天津篮球文化的价值。

本届天津全运会增加了包括攀岩、马拉松、象棋在内的 19 个大项的群众体育比赛项目，普通群众成为赛场“主角”。对此，姚明表示：“引入群众性的体育项目，真正做到了全运会的‘全’字，这不仅仅是专业运动员的盛会，更是全社会的体育盛会。”谈及本届全运会赛事筹备与保障服务时，姚明说：“全运会得到了天津市委市政府和各区、各学校的大力帮助，篮球项目比赛（顺利举办）要感谢天津方方面面的支持。”此外，姚明还对全运村内的保障服务和志愿者工作表示赞赏，“很多熟悉的教练员和运动员都表示服务保障很不错，志愿者态度很积极”“毋庸置疑，天津是中国篮球发源地，1895 年，篮球运动诞生 4 年就漂洋过海从天津上岸，这是中国篮球具有历史意义的地方”。姚明在谈及天津篮球文化和未来发展时说：“天津保留着迄今为止世界上最古老的室内篮球场，这是非常重要的篮球文化遗产，希望能在未来的工作中挖掘这些历史遗产的价值。”姚明说：“天津是座美丽的城市，这次来天津感受到了浓厚的体育文化元素，希望运动员和教练员在比赛的同时，领略到天津的城市文化。”

新闻 2

从开幕式前入住全运村到奔波于全运三座篮球场馆之间，中国篮协主席姚明抵津已有 10 多天了。昨天在天津财经大学篮球馆，姚明还饶有兴致地谈了对本次天津全运会的看法，能够让群众融入进来，是他觉得最有亮点的地方。“全运会是一项很有传统的运动会，这次来到天津，得到市委市政府的大力支持，天津各个区学校对篮球比赛从人员到场馆都给予很大帮助，中国篮协作为竞委会的一员，受到国家体育总局的委派承办篮球比赛，真的非常感谢天津对我们方方面面的支持。”尽管之前多次到访津城，不过这次因为全运，姚明还是有很多不一样的感受，“天津是座非常美丽的城市，我之前来这里很多次了，这次来感受到了非常浓烈的体育文化元素，我们希望运动员、教练员在这座美丽的城市比赛的同时，能够领略到天津的城市文化”。本届全运会群众项目的比赛，引起了姚明极大的兴趣，“这次天津全运会最突出的特点是引入了群众性体育和群众性的项目，同时设立了群众性的奖牌和荣誉，真正做到了一个‘全’字，这也符合体育融入社会的一个大趋势，全运会不该只是专业运动员的盛会，也是所有人的盛会”。对于这段时间在天津的生活，姚明也是赞不绝口，“我们作为篮协的官员都住在天津全运村技术官员村，这段时间的生活工作都在里面，听到了很多熟悉的运动员、教练员对本次全运会的夸赞，生活、工作非常方便，保障非常齐全，我们为天津感到高兴。很多场馆都很新，很多志愿者都很年轻，大家都积极奔波在各自的岗位上，这一点我们的运动员和教练员应该是最有发言权的”。作为中国最出色的篮球运动员，姚明也谈了天津作为中国篮球故乡的感受，“毋庸置疑，天津是中国篮球的发源地，是篮球传入中国的第一故乡，篮球于 1891 年诞生之后 4 年就漂洋过海来到中国，在天津上岸，这是对中国篮球具有历史意义的地方，并且我们知道这里保留了迄今为止世界上最古老的室内篮球馆，这是我们非常重要的文化遗产。我希望我们在未来的工作中，可以让这样越来越多的历史故事被重新挖掘出来”。

1. 利用 word2vec 算法计算网页文本相似度

利用 word2vec 算法计算网页相似度的基本思路是，首先抽取网页新闻中的关键词，将关键词向量化，然后将得到的各个词向量相加，得到词向量总和，最后利用词向量总和计算网页相似度。简化的具体步骤如下。

① 提取关键词。

② 将关键词向量化。

③ 计算相似度。

这里我们采用 jieba 工具包中的 tfidf 关键词提取方法。其中 keyword_extract()函数的功能就是提取句子的关键词；getKeywords()函数用于提取文档中每句话的关键词，并将关键词保存在 txt 文件中。

```
from jieba import analyse


def keyword_extract(data, file_name):
    tfidf = analyse.extract_tags
    keywords = tfidf(data)
    return keywords


def getKeywords(docpath, savepath):
```

```
    with open(docpath,'r',encoding = 'utf-8') as docf, open(savepath,'w', encoding=
'utf-8') as outf:
        for data in docf:
            data = data[:len(data)-1]
            keywords = keyword_extract(data, savepath)
            for word in keywords:
                outf.write(word + ' ')
            outf.write('\n')
```

下面代码所示的 word2vec()函数便是从 txt 文件中读取关键词，利用前面训练好的词向量获取关键词的词向量。需要注意的是，由于本书训练词向量的语料不是特别大（大约为 1.5GB 的纯文本），无法包括所有的汉语词，所以在获取一个词的词向量时应该先判断模型是否含有该词。

```
import codecs
import numpy
import gensim
import numpy as np
from keyword_extract import *

wordvec_size=192
def get_char_pos(string,char):
    chPos=[]
    try:
        chPos=list(((pos) for pos,val in enumerate(string) if(val == char)))
    except:
        pass
    return chPos

def word2vec(file_name,model):
    with codecs.open(file_name, 'r' , 'utf-8') as f:
        word_vec_all = numpy.zeros(wordvec_size)
        for data in f:
            space_pos = get_char_pos(data, ' ')
            first_word=data[0:space_pos[0]]
            #在此判断模型是否包含该词，否则会报错
            if model.wv.__contains__(first_word):
                word_vec_all= word_vec_all+model.wv[first_word]
```

```
            for i in range(len(space_pos) - 1):
                word = data[space_pos[i]:space_pos[i + 1]]
                if model.wv.__contains__(word):
                    word_vec_all = word_vec_all+model.wv[word]
        return word_vec_all
```

下面代码为计算词向量相似度，其中 simlarityCalu()函数表示通过余弦距离计算两个向量的相似度。

```
def simlarityCalu(vector1,vector2):
    vector1Mod=np.sqrt(vector1.dot(vector1))
    vector2Mod=np.sqrt(vector2.dot(vector2))
    if vector2Mod!=0 and vector1Mod!=0:
    simlarity=(vector1.dot(vector2))/(vector1Mod*vector2Mod)
    else:
        simlarity=0
    return simlarity

if __name__ == '__main__':
    model = gensim.models.word2vec.load('data/zhiwiki_news.word2vec')
    text1 = './data/text1.txt'
    text2 = './data/text2.txt'
    text1_keywords = './data/text1_keywords.txt'
    text2_keywords = './data/text2_keywords.txt'
    getKeywords(text1, text1_keywords)
    getKeywords(text2, text2_keywords)
    p1_vec=word2vec(text1_keywords,model)
    p2_vec=word2vec(text2_keywords,model)

    print(simlarityCalu(p1_vec,p2_vec))
```

运行该代码，可计算出新闻 1 和新闻 2 的相似度为 0.66。

2. 利用 doc2vec 算法计算网页文本相似度

与利用 word2vec 算法计算网页相似度类似，利用 doc2vec 算法计算网页相似度主要包括以下 3 个步骤。

① 预处理文本数据。

② 将文本向量化。

③ 计算文本相似度。

利用 doc2vec 算法计算网页相似度的详细代码如下。

```
import gensim.models as g
import codecs
import numpy as np

model_path = './data/zhiwiki_news.doc2vec'
start_alpha = 0.01
infer_epoch = 1000
docvec_size = 192

#相似度函数：通过余弦相似度计算向量相似度
def simlarityCalu(vector1, vector2):
    vector1Mod = np.sqrt(vector1.dot(vector1))
    vector2Mod = np.sqrt(vector2.dot(vector2))
    if vector2Mod != 0 and vector1Mod != 0:
        simlarity = (vector1.dot(vector2)) / (vector1Mod * vector2Mod)
    else:
        simlarity = 0
    return simlarity

def doc2vec(file_name, model):
    import jieba
    #预处理操作，采用 jieba 对文档进行分词
    doc = [w for x in codecs.open(file_name, 'r', 'utf-8').readlines() for w in
jieba.cut(x.strip())]
    #通过加载训练好的模型，迭代找出合适的向量来输入文本
    doc_vec_all = model.infer_vector(doc, alpha=start_alpha, steps=infer_epoch)
    return doc_vec_all
#在 main 函数中，采用余弦相似度计算向量相似度
if __name__ == '__main__':
    model = g.Doc2Vec.load(model_path)
    text1 = './data/text1.txt'
    text2 = './data/text2.txt'
    text1_doc2vec = doc2vec(text1, model)
    text2_doc2vec = doc2vec(text2, model)
    print(simlarityCalu(text1_doc2vec, text2_doc2vec))
```

运行该代码，利用 doc2vec 算法计算出新闻 1 和新闻 2 的相似度为 0.97。

3．两种相似度计算方法的对比分析

由上可知，利用 word2vec 算法和 doc2vec 算法计算网页相似度时，代码运行结果显示利用后者计算的相似度（0.97）高于利用前者计算出的相似度（0.66）。显然通过阅读前两篇新闻，我们知道这两篇新闻极为相似，因此可以判断利用 doc2vec 算法计算文本相似度的方法更胜一筹。这是因为 doc2vec 算法不仅利用了词的语义信息，而且综合了上下文语序信息，而 word2vec 算法则丢失了语序信息；word2vec 算法中的关键词提取准确率不高，丢失了很多关键信息。

8.4 本章小结

本章介绍了 word2vec 算法和 doc2vec 算法的相关概念及原理，并结合代码详细介绍了用 Gensim 库进行模型训练的整个过程。doc2vec 算法是基于 word2vec 算法发展而来的，它们经常被用于丰富各种自然语言处理的输入任务，例如在文本分类或机器翻译中，将输入的文本进行向量化操作后，一般能取得更好的效果。

第9章 句法分析

句法分析是自然语言处理中的关键技术之一，其基本任务是确定句子的句法结构或句子中词汇之间的依存关系。一般来说，句法分析并不是自然语言处理任务的最终目标，但往往是实现最终目标的重要环节，甚至是关键环节。因此，在自然语言处理研究中，句法分析始终是核心问题之一。

本章首先介绍句法分析的基本概念和相关技术，然后介绍句法分析中常用的数据集和评测方法，最后以使用 Stanford Parser 的基于 PCFG 的中文句法分析为例，进行句法分析的实战展示。

学习目标

- 了解句法分析的概念。
- 了解句法分析常用的数据集和评测方法。
- 了解句法分析常用方法的概念及原理。
- 掌握使用 Stanford Parser 的基于 PCFG 的中文句法分析的步骤。

9.1 句法分析概述

句法分析是自然语言处理的核心技术，也是对语言进行深层次理解的基石。句法分析的主要任务是识别出句子包含的句法成分以及这些成分之间的关系，一般以分析树来表示句法分析的结果。自 20 世纪 50 年代初，人们对自然语言处理的研究已经有 70 余年的历史，句法分析一直是自然语言处理前进的巨大障碍。句法分析主要有以下两个难点。

① 歧义：自然语言区别于人工语言的一个重要特点就是它存在大量的歧义现象。人类可以依靠大量的先验知识有效消除各种歧义，而机器由于在知识的表示和获取方面存在严重不足，很难像人类那样进行词义消歧。

② 搜索空间：句法分析是一个极为复杂的任务，候选分析树的个数随句子增多呈指数级增长，搜索空间巨大。因此，必须设计出合适的解码器，以确保能够在可以容忍的时间内搜索到模型定义的最优解。

句法分析是指判断输入的单词序列（一般为句子）的构成是否符合给定的语法，分析符合语法的句子的句法结构。句法结构一般用树状数据结构表示，通常称为句法分析树，简称为分析树。完成这种分析过程的程序模块称为句法结构分析器，通常简称为分析器。

一般而言，句法分析的任务有以下 3 个。

① 判断输入的字符串是否属于某种语言。

② 消除输入的句子中词法和结构等方面的歧义。

③ 分析输入的句子的内部结构，如成分构成、上下文关系等。

如果一个句子可以用多种结构表示，那么句法分析器应该分析出该句子最有可能的结构。在实际应用中，通常系统已经知道或者默认了被分析的句子属于哪一种语言，因此，一般不考虑任务 1，而着重考虑任务 2 和任务 3 的处理问题。

句法分析的种类有很多，根据侧重目标可以将其分为完全句法分析和局部句法分析两种。两者的差别在于：完全句法分析以获取整个句子的句法结构为目的；而局部句法分析只关注局部的成分，例如常用的依存句法分析就是一种局部句法分析方法。

9.2 句法分析的数据集与评测方法

统计句法分析方法一般都离不开语料数据集和相应的评测方法的支撑，本节将介绍这方面的内容。

9.2.1 句法分析的数据集

相较于分词或词性标注，句法分析的数据集要复杂得多，它是一种树形的标注结构，因此也称为树库。图 9-1 所示是一个典型的语料标注。

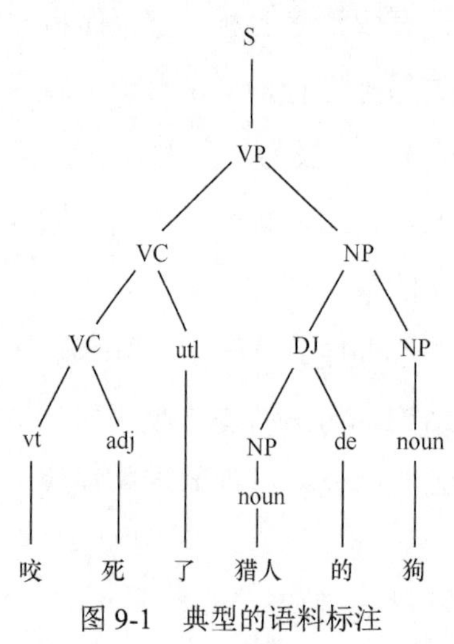

图 9-1　典型的语料标注

根据句子结构的不同，树库大体上可以分为两类：短语结构树库和依存结构树库。短语结构树库一般用句子的结构成分描述句子的结构，提取短语并分析句子的产生过程。依存结构树库是根据句子的依存结构而建立的树库。依存结构描述的是句子中词与词之间直接的句法关系，相应的树结构也称为依存树。依存结构树库并不是用于探讨“句子是如何产生的”这样的命题，而是用于研究“已产生的句子”内部的依存关系。

目前使用最多的英文树库是美国宾夕法尼亚大学加工的英文宾州树库（PTB）。PTB 的前身为 ATIS（航空旅行信息系统）和 WSJ（《华尔街日报》）树库，它们具有较高的一致性和标注准确率。

近几年来，中文信息处理技术发展很快，进行中文树库句法自动标注研究的条件已基本成熟。其主要原因如下。

① 经过十几年的研究，汉语自动切分和词性标注的处理技术已成熟，为进一步进行句法分析研究打下了很好的基础。

② 近几年来，人们对汉语句法分析方法、依存关系标注、基本句型分析等方面的探索，为进行比较系统、全面的短语分析积累了丰富的经验。

比较著名的中文树库有宾州中文树库（CTB）、清华树库（TCT）。其中宾州中文树库是美国宾夕法尼亚大学标注的汉语句法树库，也是目前绝大多数中文句法分析研究的基准语料库。清华树库是我国清华大学计算机系智能技术与系统国家重点实验室的工作人员从汉语平衡语料库中提取 100 万个汉字规模的语料文本，经过自动句法分析和人工校对，形成的高质量的、有完整句法结构的中文句法语料库。

构建中文树库的一项基础工作是确定合适的句法标记集，不同的树库有不同的标记体系。清华树库的汉语成分标记（部分）见表 9-1。切忌使用一种树库的句法分析器，然后用其他树库的标记体系来解释。

表 9-1 清华树库的汉语成分标记（部分）

序号	标记代码	标记名称
1	np	名词短语，如：漂亮的帽子
2	tp	时间短语，如：明末清初、周末晚上
3	sp	空间短语，如：村子里、亚洲大陆
4	vp	动词短语，如：给他一本书、去看电影
5	ap	形容词短语，如：特别安静、更舒服
6	bp	区别词短语，如：大型、中型、小型
7	dp	副词短语，如：虚心地、非常非常
8	pp	介词短语，如：在北京、由于老师的辅导
9	mbar	数词准短语，如：一千三百
10	mp	数量短语，如：两三天

在现代汉语中，对短语进行分类一般采用下面两大标准。

（1）内部结构

按照内部结构，短语可分为联合短语、偏正短语、述宾短语、述补短语、主谓短语、连谓短语、兼语短语、同位短语等。

（2）外部功能

按照外部功能，短语一般可分为名词短语、动词短语、形容词短语和副词短语等。汉语成分标记集对汉语短语的描述主要采用外部功能分类的方法。

9.2.2 句法分析的评测方法

句法分析评测的主要任务是，评测句法分析器生成的树结构与手工标注的树结构之间的相似程度。句法分析评测主要考虑两方面的性能：满意度和效率。其中满意度指测试句法分析器是否适合或胜任某个特定的自然语言处理任务，而效率主要用于对比句法分析器的运行时间。

目前主流的句法分析的评测方法是 PARSEVAL（帕塞瓦尔）评测体系，它是一种粒度比较适中、较为理想的评价方法。该评测体系的主要指标有标记准确率、标记召回率、括号交叉数。

① 标记准确率（LP）表示分析得到的正确的短语个数占句法分析结果中所有短语个数的比例，即分析结果与标准句法树相匹配的短语个数占分析结果中所有短语个数的比例。

$$\mathrm{LP}=\frac{\text{分析得到的正确的短语个数}}{\text{分析结果中所有短语个数}}\times 100\%$$

② 标记召回率（LR）表示分析得到的正确的短语个数占标准分析树中全部短语个数的比例。

$$\mathrm{LP}=\frac{\text{分析得到的正确的短语个数}}{\text{准分析树中全部短语个数}}\times 100\%$$

③ 括号交叉表示分析得到的某个短语的覆盖范围与标准句法分析结果的某个短语的覆盖范围存在重叠，但不存在包含关系。括号交叉数表示一棵分析树与标准分析树边界交叉的短语个数的平均值。

9.3 句法分析的常用方法

在句法分析的研究过程中，科研工作者投入了大量精力进行探索，他们基于不同的语法形式，提出了各种不同的算法。在这些算法中，以短语结构树为目标的句法分析器的研究最彻底，应用也最广泛，其他很多形式的语法对应的句法分析器都能通过对短语结构语法进行改造而得到。

句法分析的基本方法可以分为基于规则的分析方法和基于统计的分析方法两大类。基于规则的分析方法的基本思路是，人工组织语法规则，建立语法知识库，通过条件约束和检查来消除句法结构歧义。在过去的几十年里，人们先后提出了若干有影响力的句法分析算法，如 CYK 算法、欧雷分析算法、线图分析算法、移进-归约算法、GLR 算法和左角分析算法等等。人们对这些算法做了大量的改进工作，并将其应用于自然语言处理的相关研究和开发任务。

根据句法分析树的形成方向不同，人们将这些分析方法划分为 3 种类型：自顶向下的分析方法、自底向上的分析方法和两者相结合的分析方法。自顶向下的分析方法实现的是规则推导的过程，分析树从根节点开始不断生长，最后形成分析句子的叶节点。而自底向上的分析方法的实现过程恰好相反，它是从句子符号串开始，执行不断归约的过程，最后形成根节点。有些句法分析的方法本身是确定的，而有些句法分析既可以采用自底向上的分析方法实现，也可以采用自顶向下的分析方法实现。

基于规则的分析方法的主要优点：可以利用手工编写的语法规则分析输入的句子所有可能的句法结构；对于特定的领域和目的，利用手工编写的有针对性的规则能够较好地处理输入句子中的部分歧义和一些超语法现象。但是，基于规则的分析方法也存在以下缺陷。

① 对于一个中等长度的输入句子来说，要利用大覆盖度的语法规则分析句子所有可能的结构非常困难，分析过程的复杂性往往使程序无法实现。

② 即使能够分析句子所有可能的结构，也难以在巨大的句法分析结果集合中实现有效的消歧，并选择最有可能的分析结果。

③ 手工编写的规则一般带有一定的主观性，还需要考虑到泛化，在面对复杂语境时难以保证正确率。

④ 手工编写规则是工作量很大的复杂劳动，而且编写的规则与特定的领域有密切的相关性，不利于句法分析系统向其他领域移植。

基于概率上下文无关文法（PCFG）的句法分析可以说是目前比较成功的由语法驱动的基于统计的分析方法。该方法采用的模型主要包括词汇化的概率模型和非词汇化的概率模型两种。基于统计的分析模型本质是一套面向候选树的评价方法，会给正确的句法树赋予一个较高的分值，给不合理的句法树赋予一个较低的分值，这样就可以借用候选树的分值进行消歧。本章将着重介绍基于统计的分析方法。

9.3.1 基于 PCFG 的句法分析

PCFG 自提出以来，受到了众多学者的关注。这种方法是目前研究比较充分、形式比较简单的统计句法分析模型，也可以认为是基于规则的分析方法与基于统计的分析方法的结合。最近几年，随着人们对基于统计的分析方法的研究不断升温，以及基于统计的分析方法必须与基于规则的分析方法结合的观点得到普遍认同，基于 PCFG 的句法分析方法的研究备受关注。

PCFG 是上下文无关文法的扩展，是一种生成式的方法，可以表示为一个五元组(X,V,S,R,P)，各元素的意思分别如下。

X：一个有限词汇的集合，它的元素称为词汇或终结符。

V：一个有限标注的集合，称为非终结符集合。

S：文法的开始符号集合，被包含在V中，即$S \in V$。

R：有序偶对(α, β)的集合，也是规则集合。

P：每个产生规则的统计概率。

下面根据一个例子来介绍使用基于 PCFG 的句法分析求解最优句法树的过程，待进行句法分析的句子为“astronomers saw stars with eyes”。

规则集与规则成立的概率对应的内容见表 9-2。

表 9-2 规则集与规则成立的概率对应的内容

规则集	概率（P）
S -> NP VP	1.0
PP -> P NP	1.0
VP -> V NP	0.70
VP -> VP PP	0.30
P -> with	1.00
V -> saw	1.00
NP -> NP PP	0.40
NP -> astronomers	0.10
NP -> eyes	0.18
NP -> saw	0.04
NP -> stars	0.18

由给定的句子，我们可以得到两棵句法树，如图 9-2 所示。

计算两棵句法树的概率，公式为

$$
\begin{aligned}
P(T_1) &= \mathrm{S} \times \mathrm{NP} \times \mathrm{VP} \times \mathrm{V} \times \mathrm{NP} \times \mathrm{NP} \times \mathrm{PP} \times \mathrm{P} \times \mathrm{NP} \\
&= 1.00 \times 0.10 \times 0.70 \times 1.00 \times 0.40 \times 0.18 \times 1.00 \times 1.00 \times 0.18 \\
&= 0.0009072
\end{aligned}
$$

$$
P(T_2) = \mathrm{S} \times \mathrm{NP} \times \mathrm{VP} \times \mathrm{VP} \times \mathrm{V} \times \mathrm{NP} \times \mathrm{PP} \times \mathrm{P} \times \mathrm{NP}
$$

$$=1.00\times0.10\times0.30\times0.70\times1.00\times0.18\times1.00\times1.00\times0.18$$
$$=0.0006804$$

$P(T_1)>P(T_2)$，所以选择 T_1 作为句子的最终句法树。

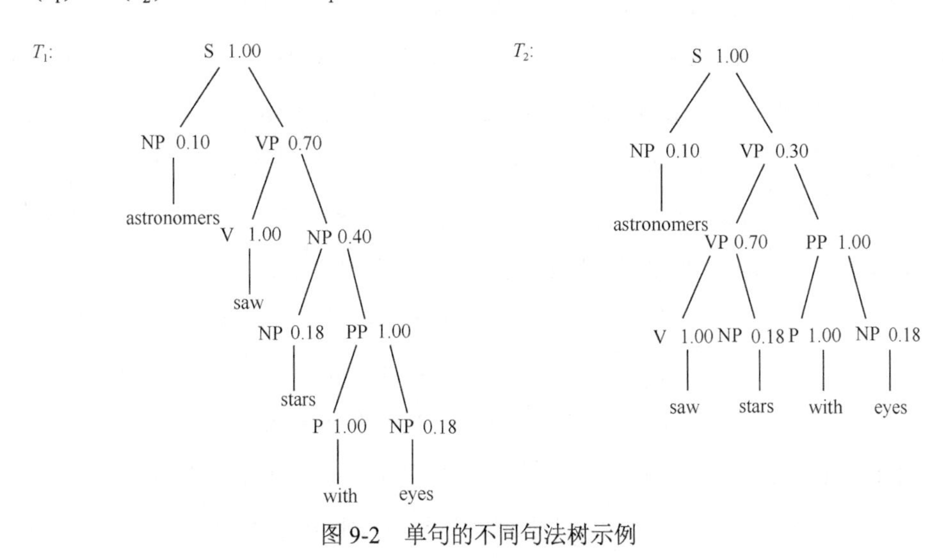

图 9-2 单句的不同句法树示例

综上，利用基于 PCFG 的句法分析可以解决以下问题。

① 计算句法树的概率。

② 假如一个句子有多棵句法树，可以根据概率对所有的句法树进行排序。

③ 排除句法歧义，当有多个分析结果时，选择概率最大的句法树。

以句子 $S=$ astronomers saw stars with eyes 为例子，对应的 3 个基本问题如下。

① 给定概率上下文无关文法 G，如何计算句子 S 的概率，即计算 $P(S|G)$。

② 给定概率上下文无关文法 G 和句子 S，如何选择最优句法树，也就是计算 $\text{argmax}_T P(T/S,G)$。

③ 如何为基于 PCFG 的句法分析规则选择参数，使训练的句子概率最大化，也就是计算 $\text{argmax}_G P(S/G)$。

基于 PCFG 的句法分析衍生出了各种形式的算法，其中包括单纯基于 PCFG 的句法分析方法、基于词汇的 PCFG 的句法分析方法、基于子类划分 PCFG 的句法分析方法等。

9.3.2 基于最大间隔马尔可夫网络的句法分析

随着语料库的发展，近 10 年来国内外基于语料库的统计方法得到了快速的发展，也都各有成效。HMM 是一种描述隐含未知参数的方法，20 世纪 70 年代后被用于语音、词性标注和无嵌套名词短语识别等方面，也发挥了非常好的作用。鉴于 HMM 统计方法在自然语言处理中的独特优势以及语言句法的自身特点，学者们对自然语言处理的研究重点转向了将最大间隔马尔可夫网络用在句法分析中。

最大间隔是 SVM（支持向量机）中的重要理论，SVM 的最大间隔是指将线性可分的数据集彻底分开。SVM 的原始目标是找到一个平面[用(w,b)表示，将二维数据表示为一条直线]，使该平面与正负两类样本的最近样本点的距离最大化。

马尔可夫网络是概率图模型中一种具备一定结构处理关系能力的算法，最大间隔马尔可夫网络就是将 SVM 的最大间隔特性与马尔可夫网络结合，解决复杂的结构化预测问题，特别适合用于句法分析任务。基于最大间隔马尔可夫网络的句法分析是一种判别式的句法分析方法，通过丰富特征来消除句法分析过程中产生的歧义。其判别函数为

$$f_x(X) = \text{argmax}_{y \in G(x)} < w, \boldsymbol{\Phi}(x,y) >$$

其中，$\boldsymbol{\Phi}(x,y)$表示与x对应的句法树y的特征向量，w表示特征权重。

类似于 SVM 算法，最大间隔马尔可夫网络要实现多元分类，可以采用多个独立且可以并行训练的二元分类器。这样，一个二元分类器识别一个短语标记，组合这些分类器就能完成句法分析任务，同时能大大提高训练速度。

9.3.3 基于 CRF 的句法分析

2001 年，拉弗蒂等学者提出了 CRF，它是一种用于标记和切分序列化数据的统计模型。CRF 在给定观察的标记序列的情况下，计算整个标记序列的联合概率。CRF 的定义如下。

设$X=\left(X_1,X_2,X_3,\cdots,X_n\right)$和$Y=\left(Y_1,Y_2,Y_3,\cdots,Y_n\right)$是联合随机变量，若随机变量$Y$构成一个无向图$G=(V,E)$表示的马尔可夫模型，则其条件概率分布$P(Y|X)$称为 CRF，即

$$P(Y_v | X, Y_w, w \neq v) = P(Y_v | X, Y_w, w - v)$$

与基于 PCFG 的句法分析相比，基于 CRF 模型的句法分析的不同点在于概率计算方法和概率归一化的方式。CRF 模型最大化的是句法树的条件概率而不是联合概率，并且会对概率进行归一化。与基于最大间隔马尔可夫网络的句法分析一样，基于 CRF 的句法分析也是一种判别式的方法，需要融合大量的特征。

9.3.4 基于移进−归约的句法分析

移进−归约算法是一种自下而上的句法分析方法。算法的基本思想是，从输入

串开始，逐步进行“归约”，直至归约到句法的开始符号。移进–归约算法类似于下推自动机的 LR（逻辑回归）分析法，操作的基本数据结构是堆栈。移进–归约算法主要涉及以下操作。

① 移进：从句子左端将一个终结符移到栈顶。

② 归约：根据规则，将栈顶的若干个字符替换为一个符号。

③ 接受：句子中的所有词语都被移进栈中，且栈中只剩下一个符号根节点（句法树的根节点），则表示分析成功，移进–归约算法结束。

④ 拒绝：句子中的所有词语都被移进栈中，栈中并非只有一个符号（句法树的根节点），也无法进行任何归约操作，则表示分析失败，移进–归约算法结束。

由于自然语言在使用的过程中带有歧义性，移进–归约算法在分析过程中可能出现移进–归约冲突和归约–归约冲突。

① 移进–归约冲突：在字符被移进栈内，若干字符被替换的过程中，既可以移进，又可以归约。

② 归约–归约冲突：在若干字符被替换的过程中，可以使用不同的规则归约。

使用带回溯的分析策略可以解决算法过程中的冲突，即允许在分析到某一时刻发现无法进行下去时，就回退到前一步，继续这种分析。对于互相冲突的各项操作，需要给出一个选择顺序。例如：在移进–归约冲突中采取先归约后移进的策略；在归约–归约冲突中支持最长规则优先，即尽可能地归约栈中数量最多的符号。

下面以“我是学生”这句话为例，展示基于移进–归约的句法分析过程。其对应的句法树结构如图 9-3 所示。

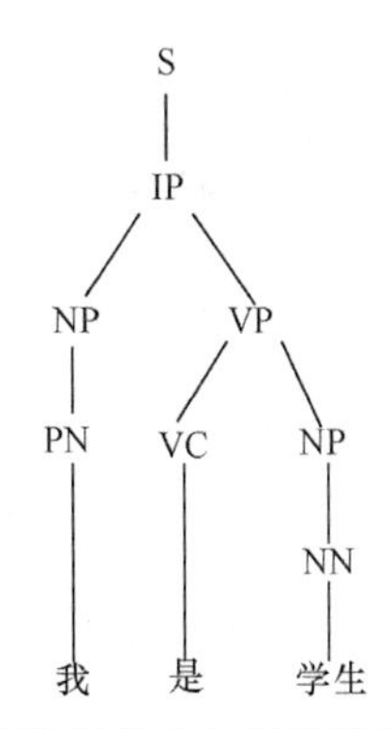

图 9-3 “我是学生”对应的句法树结构

“我是学生”对应的实际堆栈操作见表 9-3。

表 9-3　“我是学生”对应的实际堆栈操作

步骤	栈	输入	操作	规则
1	#	我 是 学生	移进	
2	#我	是 学生	归约	PN->我
3	#PN	是 学生	归约	NP->PN
4	#NP	是 学生	移进	
5	#NP 是	学生	归约	VC->是
6	#NP VC	学生	移进	
7	#NP VC 学生		归约	NN->学生
8	#NP VC NN		归约	NP->NN
9	#NP VC NP		归约	VP->VC NP
10	#NP VP		归约	IP->NP VP
11	#IP		归约	S->IP
12	#S		接受	

9.4 使用 Stanford Parser 的 PCFG 算法进行句法分析

本节将演示使用 Stanford Parser 的 PCFG 算法进行句法分析的全过程。首先介绍 Stanford Parser 的基本情况和安装方法，然后使用它进行中文句法分析。

9.4.1 Stanford Parser 简介

Stanford Parser 是美国斯坦福大学自然语言处理小组开发的开源句法分析器，采用概率统计句法分析理论基础，并且使用 Java 语言编写。Stanford Parser 主要有以下优点。

① 它既是一个高度优化的 PCFG 分析器，也是一个词语上下文无关文法分析器。

② Stanford Parser 以宾州树库作为分析器的训练数据，支持英文、中文、德文、阿拉伯文、意大利文、保加利亚文、葡萄牙文等语言。

③ 该句法分析器提供了多样化的分析输出形式，除句法分析树输出外，还支持分词和词性标注、短语结构、依存关系等输出。

④ 该句法分析器支持多种平台，并封装了多种常用语言的接口，如 Java、Python、PHP、Ruby、C#等。

本书演示的代码采用 Stanford Parser 的 Python 接口。由于该句法分析器底层是由 Java 实现的，因此使用时需要确保安装了 JDK。建议使用版本为 3.8.0 的 Stanford

Parser，要求 Java 的 JDK 是 1.8 及以上版本。

Stanford Parser 的 Python 封装是在 NLTK 库中实现的，因此需要先安装 NLTK 库。NLTK 库是一款 Python 的自然语言处理工具，可以使用“pip install nltk”来安装。基于 Stanford Parser 的句法分析主要使用 nltk.parse 中的 Stanford 模块。

接下来，需要下载 Stanford Parser 的 jar 包：stanford-parser.jar 和 stanford-parser-3.8.0-models.jar。Stanford Parser 3.8.0 官方版本已经内置了中文句法分析的一些算法，若在程序运行时出现缺失算法包问题，下载中文包替换即可。在官网下载相应的文件，进行解压，即可在目录下找到上面所述的 jar 包。

9.4.2　基于 PCFG 的中文句法分析实战

本小节将以“他驾驶汽车去了游乐场。”这句话为例，进行句法分析与可视化操作。安装完 Stanford Parser 相关依赖以及获得 jar 包后，即可进行实战演示。

首先进行分词处理，这里采用 jieba 分词，代码如下。

```
#分词
import jieba
string ='他驾驶汽车去了游乐场。'
seg_list = jieba.cut(string,cut_all=False,HMM=True)
seg_str = ' '.join(seg_list)
print(seg_str)
```

分词后的结果如下。

```
'他 驾驶 汽车 去 了 游乐场 。'
```

需要指出的是，在分词代码中，“' '.join(seg_list)”用于将词用空格切分后再重新拼接成字符串。这样做的原因是 Stanford Parser 接收的输入是分词后以空格隔开的句子。

基于 PCFG 的中文句法分析的代码如下。

```
#基于 PCFG 的中文句法分析
#导入 Stanford Parser 的 jar 包
from nltk.parse import stanford
import os
root='./'
parser_path = root + 'stanford-parser.jar'
model_path = root + 'stanford-parser-3.8.0-models.jar'
```

```
#指定 JDK 路径
if not os.environ.get('JAVA_HOME '):
    JAVA_HOME = '/opt/jdk8'
    os.environ['JAVA_HOME'] = JAVA_HOME
#PCFG 模型路径
pcfg_path = 'edu/stanford/nlp/models/lexparser/chinesePCFG.ser.gz'
#获得 stanford 的句法解析对象 StanfordParser
parser = stanford.StanfordParser(path_to_jar=parser_path,path_to_models_jar=
model_path, model_path=pcfg_path)
#通过 stanford 的句法解析对象 StanfordParser 对指定的句子分词 seg_str 进行解析
sentence = parser.raw_parse(seg_str)
#打印解析结果
for line in sentence:
    print(line)
    line.draw()
```

运行代码后，生成的句法树结构如下。

```
(ROOT
  (IP
    (NP (PN 他))
    (VP (VP (VV 驾驶) (NP (NN 汽车))) (VP (VV 去) (AS 了) (NP (NN 游乐场))))
    (PU 。)))
```

生成的句法树如图 9-4 所示。

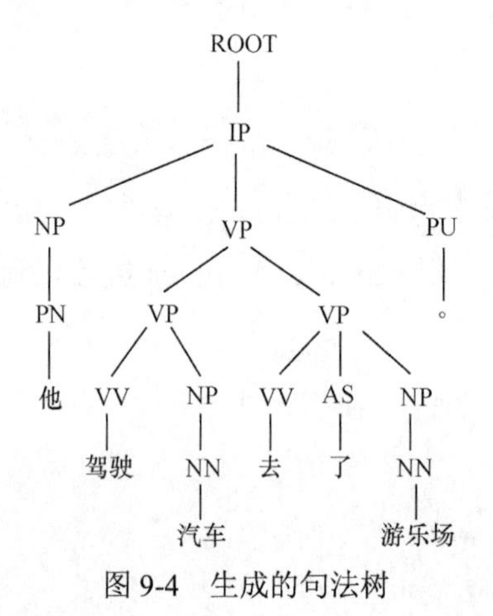

图 9-4 生成的句法树

其中叶节点可以通过 line.leaves()方法获取，代码如下。

```
for line in sentence:
```

```
    print(line.leaves())
    line.draw()
```

运行代码后，结果如下。

```
['他', '驾驶', '汽车', '去', '了', '游乐场', '。']
```

叶节点对应的就是分词后的结果，每个词对应一个叶节点。

stanford.StanfordParser()函数主要使用了 3 个参数，说明如下。

① path_to_jar：Stanford Parser 的主功能 jar 包的路径。

② path_to_models_jar：训练好的 Stanford Parser 模型 jar 包的路径。

③ model_path：基于 PCFG 的中文句法分析的路径。

使用该函数时需要注意的是，传入路径时应尽量按照文本的方式组织，将依赖的 jar 包放置在工作目录下。此外，若系统未设置 JAVA_HOME 变量，则需要在代码中明确指定。

9.5 本章小结

本章首先介绍了句法分析的基本概念、常用的数据集和评测方法。然后介绍了句法分析的常用方法，例如，基于 PCFG 的句法分析、基于最大间隔马尔可夫网络的句法分析、基于 CRF 的句法分析和基于移进–归约的句法分析等。最后演示了使用 Stanford Parser 的基于 PCFG 的中文句法分析的过程。通过本章的学习，读者可以看出来相较于词法分析（分词、词性标注和命名实体识别等），句法分析算法的性能与真正实用化还有不小的差距，主要原因是语言学理论和实际的自然语言应用之间存在巨大的差距。

第10章 机器学习在自然语言处理中的应用

本章将重点介绍机器学习方法在自然语言处理中的应用，首先介绍机器学习的相关概念。自然语言处理的算法更多来源于人工智能，机器学习是人工智能的一个领域，该领域被认为是实现人工智能的一种实践方式。

机器学习的核心逻辑：自动对历史数据进行分析并获得认知模型，利用认知模型对未知数据进行预测。机器学习的本质就是从数据中抽取特点，把特点总结在一起形成认知模型（也叫规律），有了认知模型，机器就能像人一样学习了。在自然语言处理中应用机器学习算法，就是把自然语言形成的语料当作数据，通过算法来发现文本中的规律，帮助人们完成自然语言处理任务。

根据所学习的样本数据中是否包含目标特征，我们可以把机器学习分为有监督学习、无监督学习和半监督学习。还有一种比较特殊的学习类型，就是强化学习。本章重点关注无监督学习在自然语言处理中的应用。

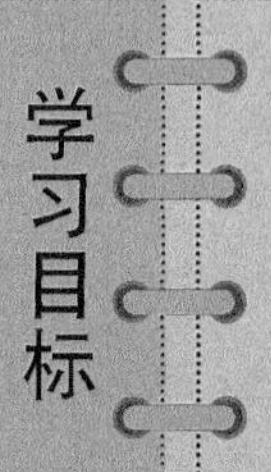

- 了解自然语言处理任务中常用的几种机器学习方法。
- 掌握机器学习的聚类算法。
- 理解文本分类与文本聚类的实现步骤。

10.1 常用的机器学习方法

常用的机器学习方法有文本分类、特征提取、标注、搜索与排序、推荐系统、序列学习。

10.1.1 文本分类

在文本信息的处理问题上，信息量庞大，如果仅凭人工方式来收集和挖掘文本数据，不仅需要消耗大量的人力和时间，而且很难实现。于是，实现自动文本分类就显得尤其重要，它是文本信息挖掘的基本功能，也成为处理和组织文本数据的核心技术。

最基础的文本分类是将数据归到两个类别中，称为二分类问题，即判断是非问题。例如垃圾邮件过滤，只需要确定“是”“否”垃圾邮件。数据被分到多个类别中，则称为多分类问题，例如根据语言类别把一篇文本分到“英文文稿”“中文文稿”中。

文本分类包括学习和分类两个过程：学习过程的任务是根据已知的训练数据构建分类模型，得到分类器；分类过程的任务是利用学习得到的分类器，预测新数据的类标号。

例如把邮件分为垃圾邮件和正常邮件，要准备好训练集，每个类别的文件放置不同类别的文本。Ham_data.txt 是清洗过的正常的交流邮件，下面截取其中一封邮件的内容，查看清洗后的邮件内容。

```
这部片子是我年初就定下来要看的列表中的一个！所以尽管有人说不好，我也一定要看。看完谈不上失望，但也没有兴奋。嘿嘿！常看的话可以办个会员卡，我办的 800 的，打八折。但早场特价不享受折上折。我看的昨天晚上 10 点 40 那场，好贵，因为很不情愿去，想着是战争片，希望不高，也就不失望了，本来打算去睡觉的，后来才发现是科幻片，至少能吸引人一直看下去吧，反正我觉得还是不错的。
```

文本分类过程可分为以下几个阶段。

① 定义阶段：定义数据和分类体系，具体分为哪些类别，需要哪些数据。

② 数据预处理阶段：对文档进行分词、去除停用词等数据清洗工作。

③ 数据提取特征阶段：对文档矩阵降维，提取训练集中最有用的特征。

④ 模型训练阶段：使用适当的分类模型和算法，训练出文本分类器。

⑤ 评测阶段：在测试集上测试、评价分类器的性能，并根据需要评估是否需要重新训练模型。

⑥ 应用阶段：对待分类文档进行相同的预处理和特征提取后，使用性能最高的分类模型进行分类。

10.1.2 特征提取

特征提取本质上是一种文本的结构化表示过程，在进行文本分类前，需要提取文本特征，将特征表示成数据。一般来说，提取特征有以下几种经典的方法。

① BOW 模型。在信息检索中，BOW 模型假定忽略一个文档的单词顺序和语法、句法等要素，将其仅仅看作若干个词汇的集合，文档中每个单词的出现都是独立的，不依赖于其他单词是否出现。也就是说，文档中任意一个位置出现的任何单词，都不受该文档语意的影响。具体来说一个单词就是一个特征，一个文档可能有成千上万个特征。

② 统计特征。统计特征是在 BOW 模型的基础上考虑了每个特征的权重。统计特征包括词频（TF）、逆文档频率（IDF），以及合并的 TF-IDF。TF-IDF 可以用于评估一个单词对这个文档在整个语料库中的重要程度。单词的重要性随着它在文档中出现的次数成正比增加，但同时会随着它在语料库中出现在其他文档中的篇数成反比下降。TF-IDF 加权的各种形式常被搜索引擎应用，作为文档与用户查询之间相关程度的评级。除了 TF-IDF 以外，因特网上的搜索引擎还会使用基于链接分析的评级方法，以确定文件在搜寻结果中出现的顺序。

③ n 元类型。这是一种考虑词汇顺序的模型，即 N 阶马尔可夫链，每个样本被转换成转移概率矩阵。该方法在特征提取方面取得了不错的效果。

10.1.3 标注

事实上，有一些看似分类的问题却难以被归于分类。例如，图 10-1 所示的图片无论是被分类为人还是狗，结果都有些不合理，事实上，图片中还有草、树等风景。

图 10-1 图片示例

标注在更多时候也叫作多标签分类。想象一下，人们可能会把多个标签同时标注在一篇描述时政的新闻稿上，如“国内”“农村”“财经”“扶贫”等，这些标签可能有关联，但非常适合用于作为浏览新闻的依据。当一篇文章可能被标注的标签数量很多时，人工标注就显得很吃力，这时就需要使用机器学习的方法。

10.1.4　搜索与排序

在数据爆炸的时代，如何利用算法帮助人们从杂乱无章的信息中找到需要的信息成为迫切需要。图 10-2 所示为百度搜索引擎对“NLP”关键词的搜索结果。搜索和排序更关注如何对一堆对象进行排序。例如在信息检索领域，人们常常关注如何按照与检索条目的相关性对海量文档进行排序。在互联网时代，由于谷歌和百度等搜索引擎的流行，人们更加关注如何对网页进行排序。

图 10-2　百度检索界面

目前比较著名的排序算法有词频位置加权排序算法、Direct Hit 算法、PageRank 算法。

1. 词频位置加权排序算法

词频位置加权排序算法通过查询关键词在页面中出现的次数和位置对网页进行排序，是计算机情报检索中最基础的排序算法。该算法的基本思想是，用户输入的关键词，在某网页中出现的频率越高，位置越重要，就认为该网页和关键词的相关性越好，也越能满足用户的需求。

例如，假设关键词出现在“网页主体”中的权重为1，出现在“标题”中的权重为2，出现在“链接”中的权重为0.5。先根据关键词出现的次数和位置加权求和，再进行一些辅助计算，得到网页和关键词的相关性权值，就可以根据权值对查询结果进行排序。

2．Direct Hit 算法

Direct Hit 算法是一种注重信息质量和用户反馈的排序方法。它的基本思想是，搜索引擎将查询的结果返回给用户，并跟踪用户在检索结果中的点击情况。如果返回结果中排名靠前的网页被用户点击后，用户浏览时间较短，又重新返回点击其他检索结果，那么系统将降低该网页的相关度。如果网页被用户点击后，用户浏览时间较长，那么该网页的受欢迎程度就高，相应地，系统将增加该网页的相关度。可以看出，在这种算法中，相关度不停地变化，在不同的时间对同一个词进行检索，得到的结果集合的排序也有可能不同，它是一种动态排序。

3．PageRank 算法

美国斯坦福大学的拉里・佩奇和谢尔盖・布林提出了 PageRank 算法。该算法基于这样的假设：如果一个页面被许多其他页面引用，则这个页面很可能是重要页面；如果一个页面尽管没有被多次引用，但被一个重要页面引用，那么这个页面很可能也是重要页面；一个页面的重要性被均分并传递到它所引用的页面。设网页 A 有 $T_1,T_2,\cdots,T_i$ 共 i 个网页指向它，参数 d 是 0～1 的控制系数，通常为 0.85，C_{T_i} 是一个从网页 A 链出的网页数，则 A 的 PageRank 值 PR_A 的计算式为

$$\mathrm{PR}_A = 1 - d + d * \int \sum_{i=1}^{n} \frac{\mathrm{PR}_{T_i}}{C_{T_i}}$$

该算法的排序结果并不取决于特定的用户检索条目，可以更好地对包含检索条目的网页排序。

10.1.5 推荐系统

推荐系统与搜索排名密切相关，被广泛应用于电子商务、搜索引擎、新闻门户等领域。推荐系统的主要目标是向用户推荐其可能感兴趣的内容。推荐系统使用了大量的信息，例如用户的自我描述、过往的购物习惯，以及对过往推荐的反馈等。图 10-3 所示是某电商网站为用户生成的商品推荐。

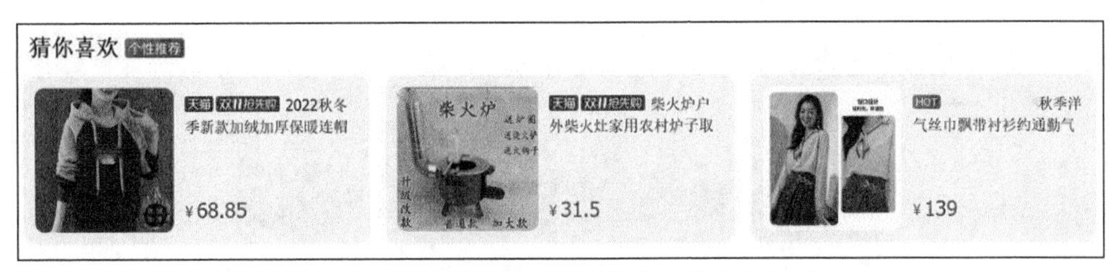

图 10-3 某电商网站为用户生成的商品推荐

协同过滤算法是推荐系统中重要的技术之一，分为基于用户的协同过滤和基于物品的协同过滤。基于用户的协同过滤算法的原理是根据相似用户的兴趣来推荐当前用户没有看过但是很可能会感兴趣的信息。基于的假设是，如果两个用户的兴趣类似，那么很有可能当前用户会喜欢另一个用户喜欢的内容。基于物品的协同过滤算法则是根据物品间的相似度进行推荐。协同过滤算法的优势在于不受被推荐物品具体内容的限制、与网络紧密结合以及推荐的准确率较高。基于用户的协同过滤思想如图 10-4 所示。

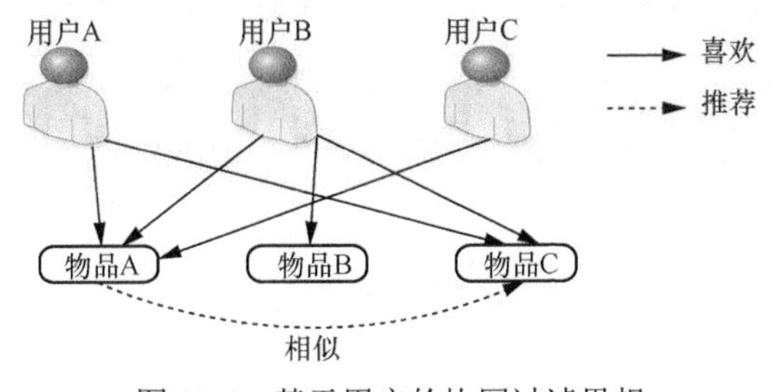

图 10-4 基于用户的协同过滤思想

10.1.6 序列学习

序列学习是近年来备受关注的机器学习内容，需要考虑序列顺序，输入和输出的长度是不固定的（例如，输入的英语和翻译的中文的长度是不固定的）。这种模型可以用于处理任意长度的输入序列，也可以用于输出任意长度的序列。当输入、输出为可变长度序列时，这些模型称为 Seq2Seq，如问答系统、语言翻译模型和语音文本模型。下面是一些常见的序列学习案例。

1. 语音识别

在语音识别中，输入序列通常是麦克风拾取的声音，如图 10-5 所示，输出序列是语音识别的文本转录。转换过程中存在一些难点，例如，声音通常是以特定的采样率进行的采样，因为声音和文本之间没有一一对应关系。换句话说，语音识别是一项序列转换任务，输出序列通常比输入序列短得多。

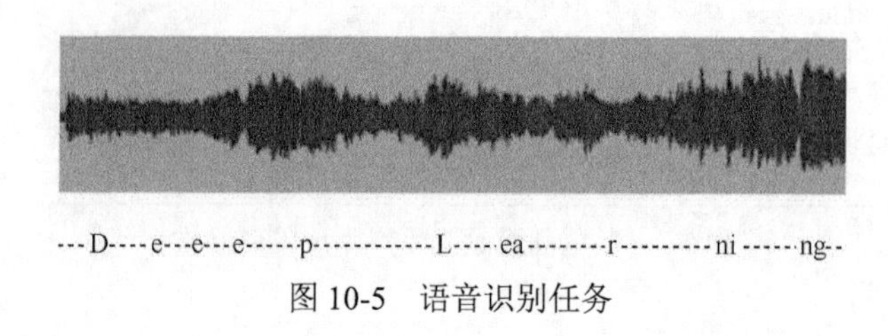

图 10-5　语音识别任务

2．文本转语音

文本转语音是语音识别的逆操作。输入的是一个文本序列，而输出的才是声音序列。因此，这类操作的输出序列比输入序列长。

3．机器翻译

机器翻译的目标是把一种语言的文字翻译成另一种语言的文字，例如把英文翻译成中文。机器翻译的复杂程度非常高：同一个词在两种不同的语境中有时存在不同的含义，符合语法或者语言习惯的语序调整也增加了复杂度。目前，机器翻译技术已经十分成熟，例如我国的科大讯飞以及百度语音在中文翻译领域都取得了不错的成绩。

10.2 无监督学习的文本聚类

在现实生活中，人工为每篇文本标注类别的成本太高，人们希望计算机能代人完成这些工作。根据类别未知（没有被标记）的训练样本解决模式识别中的各种问题，称为无监督学习。输入无监督算法的数据都没有标签，也就是只为算法提供了输入变量（自变量 X）而没有对应的输出变量（因变量 Y）。在无监督学习中，算法需要自行寻找数据中的模式或结构。

下面简要介绍一些常见的无监督学习任务。

① 聚类：将样本分组，同一个聚类中的物体与来自另一个聚类的物体相比，相互之间会更加类似，而不同聚类之间则尽可能不同。根据实际问题，需要定义数据之间的相似度。

② 降维：减少数据集中变量的数量，同时保证能传达重要信息。降维可以通过特征抽取方法和特征选择方法完成。特征抽取方法用于从高维度空间到低维度空间的数据转换，常用方法有主成分分析法。特征选择方法用于减少特征数量、降维，使模

型泛化能力更强，减少过拟合。

③ 表征学习：希望在欧几里得空间中找到原始对象的表示方式，从而能在欧几里得空间中表示原始对象的符号性质。词被表示成向量后，可以进行向量运算，例如，男人+皇帝=女人+皇后。

接下来详细介绍在自然语言处理领域大量使用的聚类。

聚类试图将数据集中的样本划分为若干个不相交的子集，每个子集称为一个“簇”。通过这样的划分，每个簇可能对应潜在的类别。聚类过程仅能自动形成簇结构，簇对应的含义需要由使用者来把握和命名。聚类常用于寻找数据内在的分布结构，也可作为分类等学习任务的前驱过程。

在自然语言处理领域，文本聚类是一个很重要的应用场景。文本聚类有多种算法，例如 k 均值聚类、基于密度的噪声应用空间聚类、平衡迭代削减聚类、使用代表点的聚类等。文本聚类存在大量的使用场景，如信息检索、主题检测、文本概括等。

本节只介绍最经典的 k 均值聚类算法。算法思想：以空间中 k 个点为中心进行聚类，对最靠近它们的对象进行归类，通过迭代的方法，逐次更新各聚类中心的值，直到得到最好的聚类效果。

k 均值聚类算法的聚类过程如下。

① 从 n 个数据文档（样本）中随机初始化 k 个质心（聚类中心），可以随机选择 k 个数据样本点。

② 在第 m 次迭代中，计算每个数据文档到每个质心的距离，并把该数据文档归到距离最近的质心所在的类。

③ 划分类别后，重新确定类别的中心，将类别中所有样本各特征的均值作为新的中心对应特征的取值，即该类中所有样本的质心。

④ 重复第②步和第③步，直至新的质心与原质心相等或变化小于指定阈值，算法结束。

图 10-6 所示为利用 k 均值聚类算法进行聚类的例子。

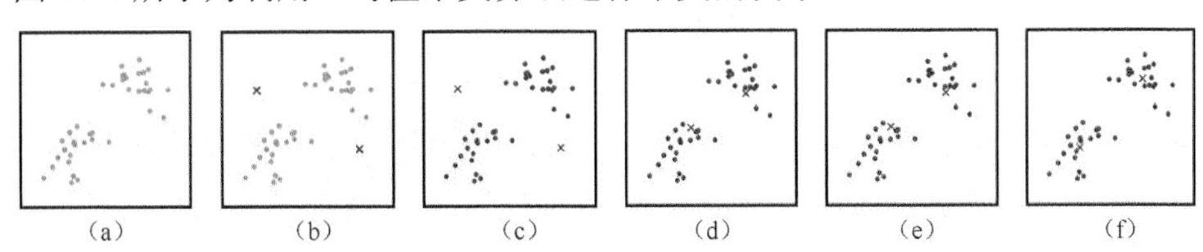

注：（c）和（e）是将数据重新归类，（d）和（f）是重新计算质心。

图 10-6　利用 k 均值聚类算法进行聚类的例子

利用 k 均值聚类算法进行聚类时需要注意以下问题。

① 初始聚类中心的选择：初始聚类中心对后续的最终划分有非常大的影响，选择合适的初始聚类中心，可以提高算法的收敛速度，增加增强类之间的区分度。选择初始聚类中心的方法大致有以下几种。

- 随机选择法。随机选择 k 个对象作为初始聚类中心。
- 最小最大法。首先选择所有对象中相距最远的两个对象作为聚类中心。然后选择第三个点，使它与确定的聚类中心的最小距离是所有点中最长的，并按照相同的原则选取其他聚类中心。
- 最小距离法。选择一个正数 r，把所有对象的中心作为第一个聚类中心，然后依次输入对象，当前输入对象与已确认的聚类中心的距离都大于 r 时，则该对象作为一个新的聚类中心。

② 类别数 k 的设置：k 均值聚类算法需要设置自动归类的聚类数 k，这里通常是靠经验设定，也可以使用手肘法辅助选择。手肘法的核心思想是，随着 k 增大，样本划分会更精细，每个簇的聚合程度会逐渐提高；当 k 小于真实聚类数时，k 的增大会大幅提升每个簇的聚合程度；而当 k 达到真实聚类数时，增加 k 得到的聚合程度回报会迅速变小。手肘法通过所有簇的聚合程度总和的骤降点来判断 k 值是否贴近真实聚类数，示例如图 10-7 所示。

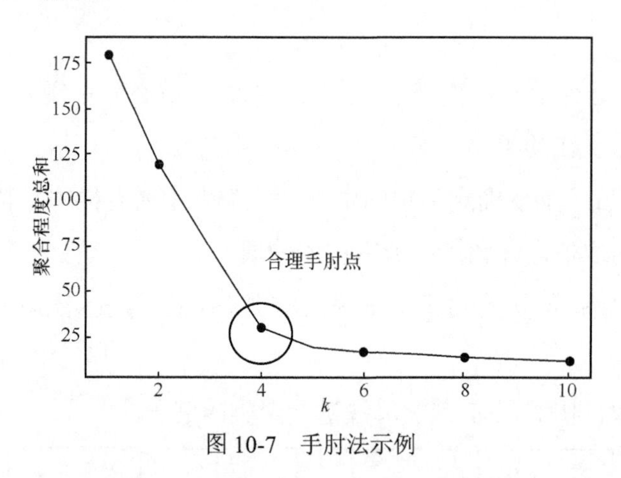

图 10-7　手肘法示例

横轴表示聚类数 k 的变化，纵轴可以综合反映聚合程度。折线像手肘形状，可以看到 $k=4$ 之后，整个数据集的聚合程度下降变化远不如 $k<4$ 时那么明显。因此 $k=4$ 很可能是数据集的真实聚类数。

10.3 文本聚类实战——用 k 均值聚类对豆瓣读书数据进行聚类

本实验将对豆瓣读书数据进行聚类分析，抓取豆瓣书籍信息，将其以 CSV 格式保存在 data.csv 文件中。豆瓣读书数据的格式如图 10-8 所示。

```
title,tag,info,comments,content
沉默的大多数,豆瓣图书标签: 中国文学,王小波 / 中国青年出版社 / 1997-10 / 27.00元,(39874人评价),这本杂文随笔集包括思想文化方面的文章，涉及知识分子的处境及思
平凡的世界（全三部）,豆瓣图书标签: 中国文学,路遥 / 人民文学出版社 / 2005-1 / 64.00元,(98794人评价),《平凡的世界》是一部现实主义小说，也是一部小说形式的家
文学回忆录（全2册）,豆瓣图书标签: 中国文学,木心 口述、陈丹青 笔录 / 广西师范大学出版社 / 2013-1-10 / 98.00元,(17149人评价),"文学是可爱的。生活是好玩的。艺
```

图 10-8　豆瓣读书数据的格式

其中，需要使用 data_loader.py 和 data_processing.py 脚本进行数据预处理。

实验环境如下。

```
ubuntu==16.04
python==3.6
sklearn==0.21.3
jieba==0.42.1
```

在命令行输入以下命令下载 sklearn 和 jieba。

```
pip install sklearn
pip install jieba
```

代码组织分为以下 3 个功能。

- data_loader.py：用于读取停用词列表。
- data_processing.py：用于清洗数据和转化数据集。
- clustering.py：用于数据的读取、聚类以及结果展示。

① clustering.py 文件：将书籍数据处理成可用于聚类的格式。文件代码如下。

```
#coding=utf-8
import pandas as pd
import data_loader
import data_processing
from sklearn.feature_extraction.text import CountVectorizer
DATA_DIR = data_loader.DATA_DIR

stopwords = data_loader.get_stopwords(DATA_DIR)
```

```
#读取读书数据
book_data = pd.read_csv(DATA_DIR + "/data.csv")
book_titles = book_data['title'].tolist()
book_content = book_data['content'].tolist()

#对数据预处理：分词+去停用词
norm_book_content = data_processing.norm_corpus(book_content, stopwords)
feature_matrix, _, vectorizer = data_processing.convert_data(norm_book_content,
[""], CountVectorizer())

print(book_data.iloc[0], '\n')
#查看特征数量
print("数据集维度：", feature_matrix.shape)
print("部分词特征：\n", vectorizer.get_feature_names()[-10:])
```

运行结果如下。

```
title                                              沉默的大多数
tag                                          豆瓣图书标签：中国文学
info              王小波 / 中国青年出版社 / 1997-10 / 27.50 元
comments                                      (39874 人评价)
content     这本杂文随笔集包括思想文化方面的文章，涉及知识分子的处境及思考，社会道德伦理，文化
争论，国学，……
Name: 0, dtype: object

数据集维度： (1998, 15544)
部分词特征：
['齐物', '龙之媒', '龙凤', '龙是', '龙有', '龙神', '龙飞凤舞', '龚古尔', '龟兹']
```

② clustering.py 文件：进行聚类操作并展示不同聚类的效果，代码如下。

```
#对处理后的数据进行聚类
from sklearn.cluster import KMeans
from collections import Counter
def kmeans_clustering(feature_matrix, num_clusters=10):
    '''
    定义函数 kmeans_clustering，获取聚类模型 km 与聚类结果
    param feature_matrix: 特征矩阵
    param num_clusters: 聚类数量
    return:获取聚类模型 km 与聚类结果
    ''
```

```
    km = KMeans(n_clusters=num_clusters) #初始化 KMeans
    km.fit(feature_matrix)   #聚类
    clusters = km.labels_    #获取聚类结果
    return km, clusters
def get_cluster_data(clustering_obj, book_data,
                     feature_names, num_clusters,
                     topn_features=10):
    '''
    param clustering_obj: 聚类模型
    param book_data: 数据
    param feature_names: 特征名
    param num_clusters: 聚类数量
    param topn_features: 从众多特征词中提取的最重要的 10 个特征词
    return:
    '''
    cluster_details = {}
    #获取聚类的中心数据
    ordered_centroids = clustering_obj.cluster_centers_.argsort()[:, ::-1]
    #获取每个聚类的关键特征
    #获取每个聚类的书
    for cluster_num in range(num_clusters):
        cluster_details[cluster_num] = {}
        cluster_details[cluster_num]['cluster_num'] = cluster_num
        key_features = [feature_names[index]
                        for index
                        in ordered_centroids[cluster_num, :topn_features]]
        cluster_details[cluster_num]['key_features'] = key_features

        books = book_data[book_data['Cluster'] == cluster_num]['title'].values.
tolist()
        cluster_details[cluster_num]['books'] = books
    return cluster_details

def print_cluster_data(cluster_data):
    #打印聚类详细信息
    for cluster_num, cluster_details in cluster_data.items():
        print('Cluster {} details:'.format(cluster_num))
```

```
        print('-' * 20)
        print('Key features:', cluster_details['key_features'])
        print('book in this cluster:')
        print("《" + '》, 《'.join(cluster_details['books']) + "》")
        print('=' * 40)

num_clusters = 10
km_obj, clusters = kmeans_clustering(feature_matrix=feature_matrix,
                   num_clusters=num_clusters)
book_data['Cluster'] = clusters

c = Counter(clusters)
for cid, counts in sorted(c.items()):
    print("簇id : {} 文档数量 : {}".format(cid, counts), end="\n")

print("==========\n  簇详情: ")
cluster_data = get_cluster_data(clustering_obj=km_obj,
                        book_data=book_data,
                        feature_names=feature_names,
                        num_clusters=num_clusters,
                        topn_features=5)
print_cluster_data(cluster_data)
```

运行结果如下（选取其中3个簇详情进行展示）。

```
簇id : 0 文档数量 : 2
簇id : 1 文档数量 : 119
簇id : 2 文档数量 : 97
簇id : 3 文档数量 : 277
簇id : 4 文档数量 : 20
簇id : 5 文档数量 : 190
簇id : 6 文档数量 : 116
簇id : 7 文档数量 : 1162
簇id : 8 文档数量 : 13
簇id : 9 文档数量 : 2
==========
  簇详情:
Cluster 5 details:
--------------------
```

```
Key features: ['设计', '交互', '本书', '用户', '系统']
book in this cluster:
《素描的诀窍》，《设计的觉醒》，《深泽直人》，《认知与设计》，《街道的美学》，《素描的诀窍》，《素描的诀窍》，《装修设计解剖书》，《点石成金》，《About Face 3 交互设计精髓》，《认知与设计》，《交互设计沉思录》，《点石成金》，《About Face 3 交互设计精髓》，《认知与设计》，《交互设计沉思录》，《点石成金》，《About Face 3 交互设计精髓》，《交互设计沉思录》，《About Face 3 交互设计精髓》，《认知与设计》，《交互设计沉思录》，《用户体验草图设计》，《在你身边，为你设计》，《设计调研》，《移动设计》，《亲爱的界面》，《用户体验草图设计》，《设计沟通十器》，《一目了然》，《人机交互：以用户为中心的设计和评估》，《重塑用户体验》，《体验设计白书》
========================================
Cluster 6 details:
--------------------
Key features:[ '中国', '本书', '历史', '作者', '著名']
book in this cluster:
《看见》，《北亭》，《倾城之恋》，《中国历代政治得失》，《月光落在左手上》，《摇摇晃晃的人间》，《青铜时代》，《退步集》，《佛祖在一号线》，《给孩子的故事》，《人间词话》，《诗词会意:周汝昌评点中华好诗词》，《望春风》，《谈艺录》，《钱锺书手稿集（中文笔记）》，《钱钟书选集·散文（流言）》，《第一炉香》 ，《怨女》，《卷·小说诗歌卷》，《旧文四篇》，《阿 Q 正传》，《伤逝》，《鲁迅与当代中国》，《鲁迅全集（1）》，《情人》，《中国北方的情人》，《天工开物·栩栩如真》，《福尔摩斯探案全集（上中下）》，《塞拉菲尼抄本》，《余生，请多指》，《三体全集》，《偏爱你的甜》，《青春》，《新宋·十字 1》，《我有一切的美妙》，《节日万岁!》，《生贾里女生贾梅》，《万历+五年》，《叫魂》，《邓小平时代》，《乡土中国》，《美的历程》，《中国国家治理的制度逻辑》，《造房子》，《日本的八个审美意识》，《毛泽东选集 第一卷》，《造房子》，《穿墙透壁》，《万历国建筑史》，《华夏竟匠》，《图像中国建筑史》，《中国古代建筑史》，《空谷幽兰》，《八万四千问》，《中国近代史》，《中国大历史》，《山月记》，《中国文化的深层结构》，《中国哲学》，《姚著中国史》，《人间词话》，《中国古代文化常识》，《中国文化要义》，《说文解字》，《经典里的中国》，《如何读中国画》，《沿着塞纳河到翡冷翠》，《隔江山色》，《布局天下》，《活着回来的男人》，《近代中国社会的新陈代谢》，《美术、神话与祭祀》，《唐风吹拂撒马尔罕》，《黄泉下的美术》，《暗流》，《何以中国》，《白沙宋基》，《中国古代壁唐代》，《自由与繁荣的国度》，《情人》，《记忆的性别》，《中国人》，《我爱这哭不出来的浪漫》，《昨天的中国》，《中国居民膳食指南》，《中国古代房内考》，《人情、面子与权力的再生产》，《这样装修不后悔（插图修订版）》，《100 元狂走中国》，《中国自助游》，《2011 中国自助游全新彩色升级版》，《中国古镇游》，《腾讯传》，《信用创造、货币供求与经济结构》，《中央帝国的财政密码》，《消费者行为学（第 8 版·中国版）》，《市场营销原理》，《史玉柱自述》，《解读基金》，《华为世界》，《中国的大企业》，《解构德隆》，《电视节目策划笔一百（下）》，《跌荡一百年（上）》，《文明之光（第二册）》，《文明之光 （第三册）》
========================================
Cluster 7 details:
--------------------
```

```
Key features:[ '本书', '世界', '生活', '一本', '美国']
book in this cluster:
《解忧杂货店》，《追风筝的人》，《雪落香杉树》，《囚鸟》，《活着》，《杀死一只知更鸟》，《新名字的故事》，《1984》，《双峰：神秘史》，《外婆的道歉信》，《我的天才女友》，《灯塔》，《步履不停》，《我们仨》，《当我谈跑步时我们谈些什么》，《我为你洒下月光》，《吃鲷鱼让我打嗝》，《沉默的大多数》，《孤独六讲》，《瓦尔登湖》，《活着》，《文学回忆录（全2册）》，《活着本来单纯》，《爱你就像爱生命》，《心理学与生活》，《认识电影》，《冷暴力》，《一只特立独行的猪》，《一句顶一万句》，《山海经全译》，《经济学原理（上下）》，《东京本屋》，《人间失格》，《恋情的终结》，《百鬼夜行阳》，《金色梦乡》，《智惠子抄》，《不思议图书馆》，《强风吹拂》，《火花》，《来自新世界（上下）》，《世界尽头与冷酷仙境》，《此生多珍重》，《生活，是很好玩的》，《咖啡未冷前》，《我们仨》，《且听风吟》，《大萝卜和南挑的鳄梨》，《国境以南 太阳以西》，《远方的鼓声》，《舞!舞!舞!》，《没有女人的男人们》，《奇鸟行状录》，《爱吃沙拉的狮子》，《东京奇谭集》，《万物静默如谜》，《海子诗全集》，《事物的味道，我尝得太早了》，《飞鸟集》，《恶之花》，《二十首情诗与绝望的歌》，《诗的八学课》，《博尔赫斯诗选》，《唯有孤独恒常如新》，《二十亿光年的孤独》，《王尔德童话》，《猜猜我有多爱你》，《牧羊少年奇幻之旅》，《失物之书》，《银河铁道之夜》，《安吉拉·卡特的精怪故事集》，《小手驴与我》，《狐狸的窗户》，《我的精神家园》，《王小波全集》，《红拂夜奔》，《理想国与哲人王》，《假如你愿意你就恋爱吧》，《万寿寺》，《寻找无双·东宫西宫》，《常识》，《角儿》，《我执》，《门萨的娼妓》，《幻想图书馆》，《这就是二十四节气》，《爷爷变成了幽灵》，《梦书之城》，《柑橘与柠檬啊》，《噼里啪啦系列》，《闲情偶寄》，《深夜小狗神秘事件》，《金瓶梅》，《诗经》，《陶庵梦忆 西湖梦寻》，《东京梦华录》，《既见君子》，《大好河山可骑驴》 ，《兄弟（上）》，《我们生启蒙》，《牡丹亭》，《兄弟》，《活在巨大的差距里》，《音乐影响了我的写作》，《温暖和百感交集的旅程》，《我没有自己的名字》，《我能否相信自己》，《黄昏里的男孩》，《我胆小如鼠》，《半生缘》，《张爱玲文集》，《色戒》，《异乡记》
================================================
```

由上面的聚类大致可以看出，Cluster 5 侧重设计、用户，Cluster 6 侧重历史，Cluster 7 侧重生活，达到了将相似内容聚集到一起的目的。需要注意的是，由于 k 均值聚类算法不具备稳定性，因此每次运行结果都不一样，聚类效果也不一样。同时需要看到，以 k 均值聚类为代表的聚类算法将样本距离的比较作为聚集的依据，因此影响样本距离（或相似度）的计算结果将直接影响聚类效果，读者可自行尝试不同的词权重计算方式并观察聚类结果差异。

10.4 本章小结

本章首先介绍了机器学习的相关概念和常用的机器学习算法，然后举例说明机器学习算法在自然语言处理中的应用，其中包括生活中常用的读书数据聚类等。

第 11 章 深度学习在自然语言处理中的应用

前一章详细介绍了机器学习在自然语言处理中的应用，本章将介绍自然语言处理算法的第二种方法体系：基于人工神经网络的深度学习算法。深度学习是一种实现机器学习的技术，能自动学习合适的特征以及多层次的表达与输出。在自然语言处理领域，深度学习主要应用于信息抽取、词性标注、搜索引擎和推荐系统等方面。

鉴于深度学习在自然语言处理各应用领域取得的巨大成就，本章将讲解在自然语言处理中比较流行的深度学习算法及其应用，如 RNN、Seq2Seq 等，并提供可执行的代码供读者进一步研究。

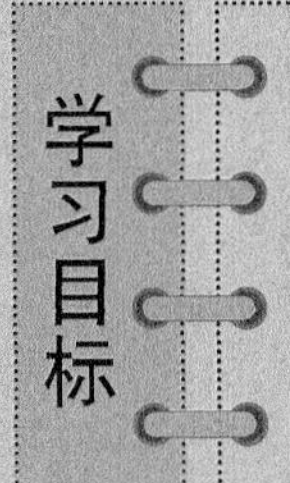

- 掌握比较流行的深度学习算法及其应用。
- 理解简单 RNN、Seq2Seq、LSTM 神经网络、Attention 机制。
- 理解基于 Seq2Seq+Attention 机制聊天机器人的实现流程。

11.1 RNN 简介

前面提到的自然语言处理的应用，全部是语句分词→去停用词→词向量化→进行相应的分类聚类等操作，没有考虑单词的序列信息。针对序列化学习，RNN 通过在原神经网络的基础上添加记忆单元，从而可处理任意长度的序列，在架构上比一般神经网络更适合处理序列相关问题。

11.1.1 简单 RNN

在传统的神经网络中，假设所有输入、输出相互独立。对于许多任务而言，这个假设是非常糟糕的，因为如果要预测序列中的下一个词，则需要知道哪些词在它之前。RNN 对序列中的每个元素执行相同的运算，并且每个运算取决于先前的计算结果，所以它是循环的。换个思路，RNN 会记住到目前为止已计算过的所有信息。例如，假设想将电影中的所有推理应用于后续事件，RNN 网络可以解决这个问题，因为它具有保持信息的循环网络（即具有保持信息）的功能。

如图 11-1 所示，RNN 的模块 A 对应输入为 $\boldsymbol{X}_t$，对应输出为 $\boldsymbol{h}_t$。它的循环模式使信息从网络的上一步传到了下一步。

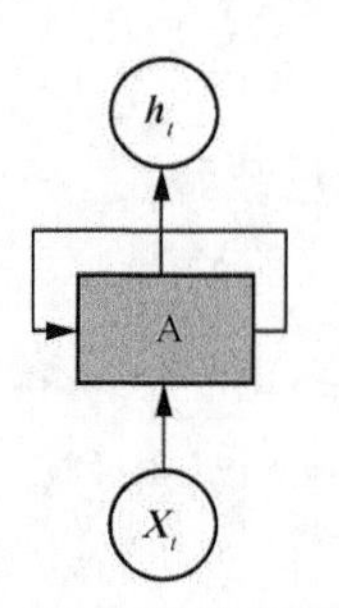

图 11-1　RNN 的基本网络单元

RNN 的循环使其看起来有些复杂，其实拆开来看的话，RNN 和普通的神经网络并没有多大区别。RNN 可以被看作相同网络的多重叠加结构，每一个网络把消息传给其继承者。RNN 循环体的展开示意如图 11-2 所示。

以上结构表明，RNN 与序列之间有着紧密的联系，且已经被应用到各个领域。RNN 的实现细节示意如图 11-3 所示。

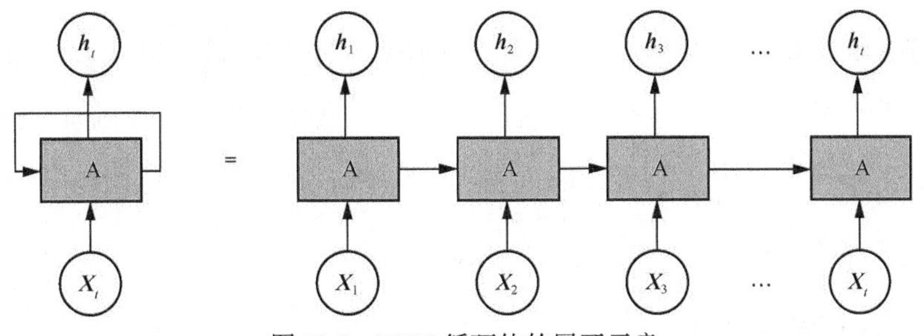

图 11-2 RNN 循环体的展开示意

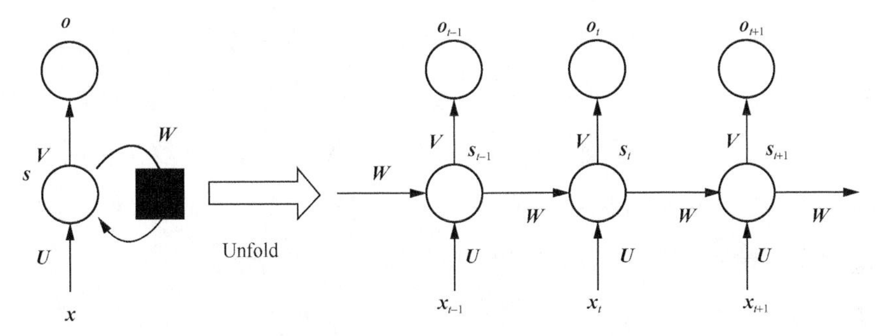

图 11-3 RNN 的实现细节示意

可用式子表示为

$$\boldsymbol{s}_t = f(\boldsymbol{U}\boldsymbol{x}_t + \boldsymbol{W}\boldsymbol{s}_{t-1})$$

$$y = g(\boldsymbol{V}\boldsymbol{s}_t)$$

其中，$\boldsymbol{x}_t$ 表示 t 时刻的输入；$\boldsymbol{s}_t$ 表示 t 时刻隐藏状态；f 表示激活函数；$\boldsymbol{U}$、$\boldsymbol{V}$、$\boldsymbol{W}$ 表示网络参数，且 RNN 共享同一批网络参数；g 表示激活函数。

展开来看：首先是按时间顺序计算前向传播（FP），然后将反向传播（BP）算法用于残差传输。BPTT（时序反向传播）算法是常用的训练 RNN 的方法，其实其本质还是 BP 算法，只不过 RNN 处理的是正向时间序列数据，而 BPTT 是基于时间反向传播，故叫时序反向传播。

在过去的几年中，RNN 已成功被应用于语音识别、机器翻译、图像标注等领域。而取得成功的关键模型之一是 RNN 变体 LSTM 神经网络。那么为什么要使用 LSTM 神经网络呢？因为有时仅需要在处理当前任务时查看当前信息。例如，假设有一个语言模型试图根据当前词来预测下一个词。如果尝试预测“《背影》的作者是朱自清”的最后一个词，则不需要其他信息——很显然下一个词就是“朱自清”。简单说，如果目标预测的点与其相关信息点之间的间隔较小，则 RNN 可以学习使用过去的信息。

在大多数情况下，人类的推理可以追溯到更遥远的信息，更多的上下文信息有助于人们进行推断。例如，预测："我出生在中国，成长在中国，因而我的母语是汉语"的最后一句话，最后一个词似乎是一种语言名称，但是如果想缩小确定语言类型的范围，则需要更早之前"汉语"对应的上下文。因此，要预测的点与其相关点之间的间隔可能会变得非常大。

11.1.2 LSTM 神经网络

LSTM 神经网络是一种特殊 RNN，可以学习长期依赖关系。它是由霍克赖特和施米德休伯在 1997 年提出的，后来得到了改进和推广。在许多方面，LSTM 神经网络取得了巨大的成就，并被广泛使用。LSTM 神经网络被专门用于解决长期依赖的问题，记忆长期信息是 LSTM 神经网络的默认行为。链式重复模块神经网络存在于所有的 RNN 中，此重复模块具有非常简单的结构，如图 11-4 所示。

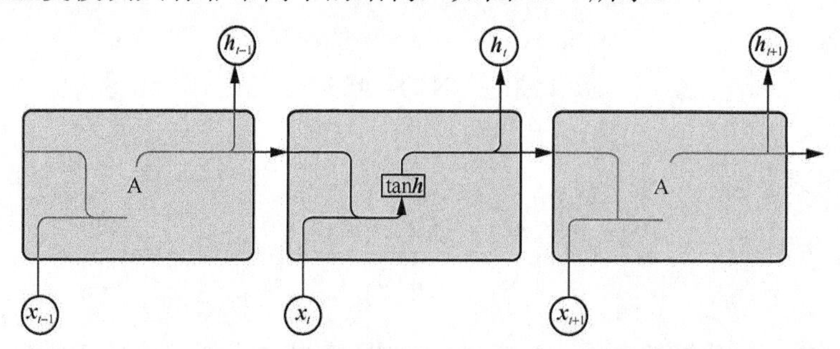

图 11-4　链式重复模块神经网络的结构

LSTM 神经网络也具有链结构，但其重复的模块结构不同。与单独的神经网络层不同的是，LSTM 神经网络具有几个以特殊方式交互的神经网络层，如图 11-5 所示。

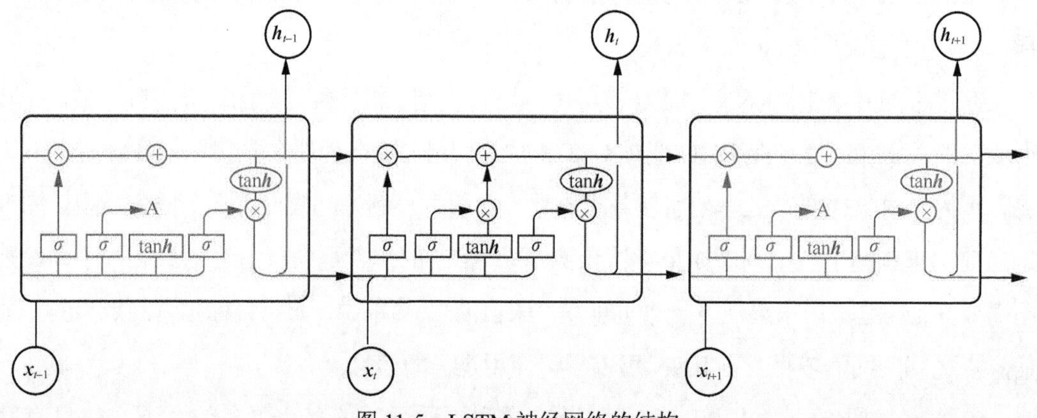

图 11-5　LSTM 神经网络的结构

LSTM 神经网络算法的关键是单元状态，图 11-6 所示的黑色水平线即单元状态。单元状态就像传送带，从头到尾沿着整个链条运行，之间只有很少的线性交互，信息很容易沿着它流动并保持不变。

LSTM 神经网络通过称为门的结构添加或删除单元状态的信息，门可以有选择性地让信息通过。门的输出需要经过具有一个 Sigmoid 层和逐点乘积运算，如图 11-7 所示。

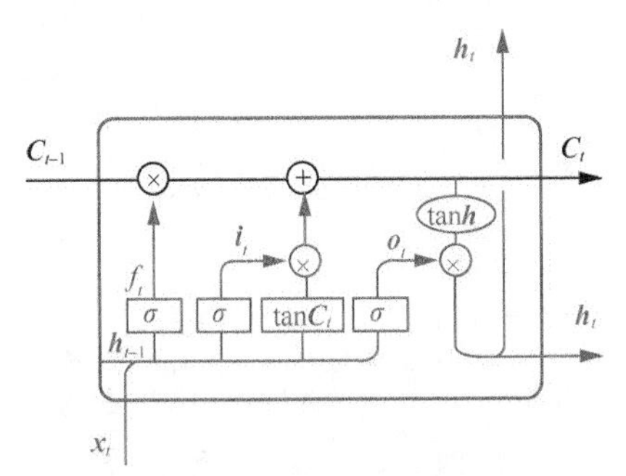

图 11-6　LSTM 神经网络的组成部件

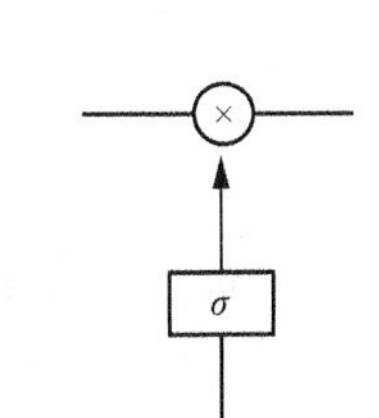

图 11-7　门的输出结构

Sigmoid 层的输出范围为[0,1]，表示每个成分通过的程度。0 意味着“不让任何东西过去”；1 意味着“让所有东西都通过”。

LSTM 神经网络保护和控制单元状态的步骤如下。

第一步，称为“遗忘门”的 Sigmoid 层决定 LSTM 神经网络从单元中丢弃的信息，将 $\boldsymbol{h}_{i-1}$ 作为 $\boldsymbol{x}_i$ 输入，并以单元 $\boldsymbol{C}_{t-1}$ 输出介于 0 和 1 之间的数字——“1”表示完全保留，“0”表示完全遗忘。例如，使用此模型来尝试根据先前的词预测下一个词。在此操作中，单元状态包括当前主语的性别，但是当看到一个新主题时，我们希望单元状态可以忘记先前主语的性别。遗忘门的结构如图 11-8 所示。

第二步，确定要在单元中存储哪种信息。首先，称为“输入门”的 Sigmoid 门确定更新哪些值；其次，tan***h*** 层创建一个新的候选向量 $\tilde{\boldsymbol{C}}$，将其添加到状态机中；最后，将两者结合起来以更新状态。在语言模型示例中，我们希望将新主语的性别添加到状态中，以替换想要忘记的旧主语的性别。输出门和 Sigmoid 门的结构如图 11-9 所示。

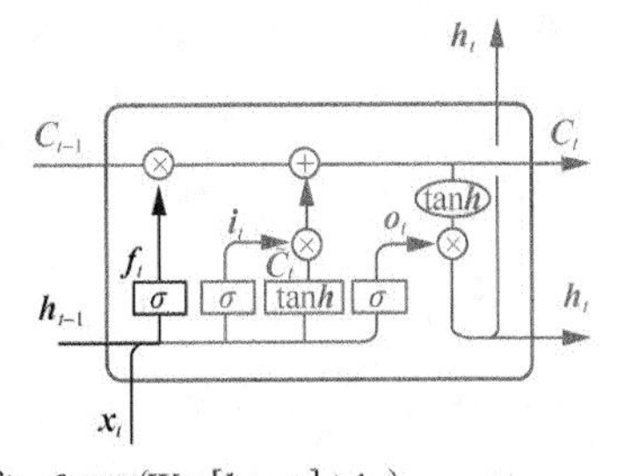

注：$f_t=\sigma(W_f\cdot[h_{t-1},x_t]+b_f)$
其中，W_f是遗忘门的权重矩阵，$[h_{t-1},x_t]$表示把两个向量连接成一个更长的向量，b_f是遗忘门的偏置项，σ是Sigmoid函数。

图 11-8　遗忘门的结构

第三步，旧单元状态 $\boldsymbol{C}_{t-1}$ 被更新为 $\boldsymbol{C}$；将旧单元状态乘以 $\boldsymbol{f}_t$，以遗忘之前的信息；添加 $\boldsymbol{i}_t * \tilde{\boldsymbol{C}}_t$。

第四步，决定输出什么，由单元状态确定输出什么值。首先使用 Sigmoid 门决定要输出单元状态的哪一部分；然后使用 tan$\boldsymbol{h}$ 处理单元状态（将状态值映射到[−1,1]）；最后将 tan$\boldsymbol{h}$ 处理过后的单元状态与 Sigmoid 门的输出值相乘以输出最终值，如图 11-10 所示。

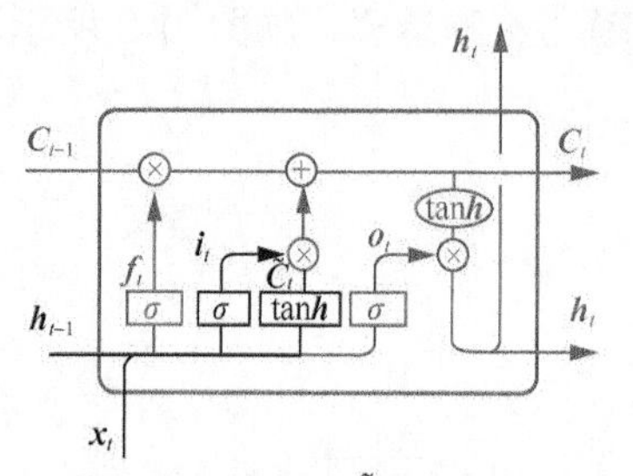

注：$\boldsymbol{i}_t=\sigma(\boldsymbol{W}_i\cdot[\boldsymbol{h}_{t-1},\boldsymbol{x}_t]+b_i)$，$\tilde{C}_t=\tanh(W_C\cdot[\boldsymbol{h}_{t-1},\boldsymbol{x}_t]+b_C$
其中，W_i是输入门的权重矩阵，b_i是输入门的偏置项，
W_C是当前单元的权重矩阵，b_C是当前单元的偏置项。

图 11-9　输出门和 Sigmoid 门的结构

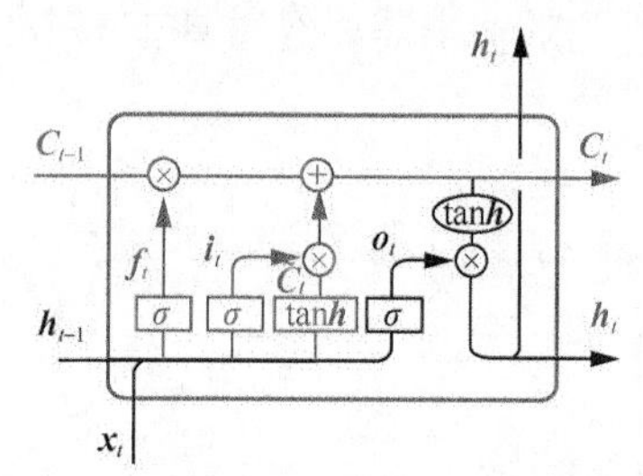

注：$\boldsymbol{o}_t=\sigma(\boldsymbol{W}_o\cdot[\boldsymbol{h}_{t-1},\boldsymbol{x}_t]+b_o)$，$\boldsymbol{h}_t=\boldsymbol{o}_t\cdot\tanh(\boldsymbol{C}_t)$
其中，W_o是输出门的权重矩阵，b_o是输出门的偏置项，
h_t是LSTM神经网络当前的输出值，C_t是控制单元状态。

图 11-10　输出最终值

前面描述的都是通用型LSTM神经网络，其实LSTM神经网络还有许多其他形式，它们之间有着细微的差异。读者可自行查阅学习。

11.1.3　Attention 机制

基于人类大脑注意机制的 Attention 机制是非常松散的，但 Attention 机制是深度学习的最新趋势。在神经网络特别是图像领域，Attention 机制具有悠久的历史。但是目前，Attention 机制才被引入自然语言处理的 LSTM 神经网络中，以便于 RNN 的每一步操作都能从更大范围的信息中进行选择。Attention 机制的基本思想是，打破传统编码器——解码器结构在编码时依赖内部固定长度向量的限制。

Attention 机制的实现步骤如下。

① 保留 LSTM 神经网络编码器输入序列的中间输出结果。

② 训练模型选择性地学习这些输入，并在模型输出时将输出序列与其关联。

换个角度看，输出序列中每项的生成概率取决于在输入序列中选择了哪些项目。尽管这样做会增加模型的计算负担，但会提升针对性，并使模型拥有更好的性能。此外，该模型还可以显示预测输出序列时如何关注输入序列，帮助理解和分析模型所关注的内容，以及了解关注特定输入输出对的程度。所以，Attention 机制在文本翻译、图像描述、文本摘要等方面都有广泛应用。

1．文本翻译

给定一个中文句子的输入序列，将它翻译并输出为英文句子，就是文本翻译。在文本翻译中，Attention 机制用于观察输入序列中与输出序列每个词对应的具体单词。在生成目标词时，Attention 机制让模型对搜索输入的单词或由编码器计算得到的单词进行标注，用于扩展基本的编码器——解码器结构。模型不用再把整个源句子编码为一个固定长度的向量，还能让模型聚焦在下一个目标词的相关信息上。

2．图像描述

图像描述是基于序列的 Attention 机制，帮助 CNN 重点关注图片的一些局部信息来生成相应的序列，如给定一幅输入图像，输出该图像的英文描述。Attention 机制用于关注与输出序列中每个词相关的局部图像。

3．文本摘要

文本摘要是输入一段文章，输出该输入序列的一段文本总结。Attention 机制用于关联摘要文本中的每个词语与源文本中的对应单词。首先对文本进行语法分析、词法分析、语义分析和其他自然语言理解，得到相应文本的知识模型；然后在此基础上进行知识推理和文摘生成；最后获得文本摘要。文本摘要被广泛用于书籍、情报、资料和其他领域，在现代网络信息访问中具有不可估量的实际应用价值。当前，有许多自动文摘工具可用，例如 IBM 的沃森系统。

11.2　Seq2Seq 问答机器人

对于某些自然语言处理任务，传统方法需要高度完善候选集，从而从候选集中选择答案。随着近年来深度学习的不断发展，国内外学者已将深度学习技术应用于自然语言生成（NLG）和自然语言理解（NLU），并取得了一定的成果。Encoder-Decoder 是 NLG 和 NLU 中使用最广泛的方法。本节的问答机器人实验就是基于 Encoder-Decoder 的 Seq2Seq 模型。

11.2.1　Seq2Seq 模型

最基础的 Seq2Seq 模型包含了 3 个部分：Encoder、Decoder 和连接两者的中间状态向量。Encoder 通过学习输入，将输入编码成一个固定大小的状态向量 $\boldsymbol{S}$，继而将 $\boldsymbol{S}$

传给 Decoder，Decoder 再通过对状态向量 $\boldsymbol{S}$ 的学习来进行输出。Seq2Seq 模型的示意如图 11-11 所示。

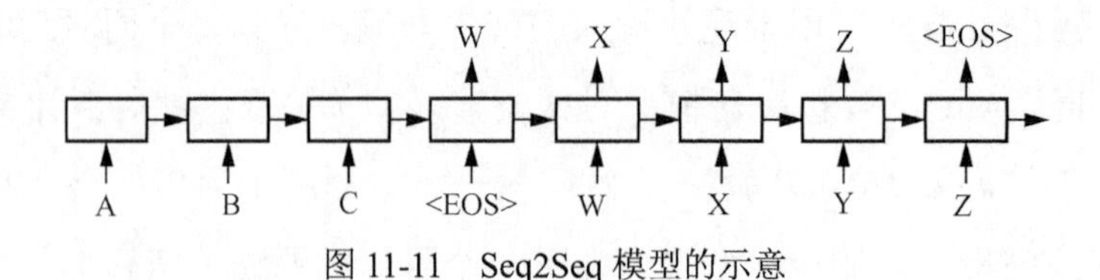

图 11-11　Seq2Seq 模型的示意

图 11-11 是在时间维度中打开的 Seq2Seq 模型，其中，“ABC”为输入序列；“WXYZ”是输出序列；“<EOS>”是句子结束符。两个 RNN 组成了图 11-11 所示的模型。

① 第一个 RNN 接受输入序列“ABC”，并在读取<EOS>时终止输入，然后输出一个向量作为输入序列“ABC”的语义表示向量，该过程称为“编码”。

② 第二个 RNN 接受第一个 RNN 生成的输入序列的语义向量，并且时刻 t 的输出词概率与前一个时刻 t–1 的输出词概率相关。

Seq2Seq 模型中 Encoder 和 Decoder 的数学表达式如下。

（1）Encoder

Encoder 直接使用 RNN（一般为 LSTM 神经网络）生成语义向量生成。

$$\boldsymbol{h}_t=f(\boldsymbol{x}_t,\boldsymbol{h}_{t-1})$$

$$\boldsymbol{c}=\phi\left(\boldsymbol{h}_1,\cdots,\boldsymbol{h}_T\right)$$

其中，f 是非线性激活函数；$\boldsymbol{h}_{t-1}$ 是上一个隐节点的输出；$\boldsymbol{x}_t$ 是当前时刻 t 的输入。向量 $\boldsymbol{c}$ 一般为 RNN 中的最后一个隐节点，或者是多个隐节点的加权和。

（2）Decoder

Decoder 过程是使用另一个 RNN，通过当前隐状态 $\boldsymbol{h}_t$ 来预测对应的输出符号 $\boldsymbol{y}_t$，$\boldsymbol{h}_t$ 和 $\boldsymbol{y}_t$ 都与前一个隐状态和输出有关。

$$\boldsymbol{h}_t=f\left(\boldsymbol{h}_{t-1},\boldsymbol{y}_{t-1},\boldsymbol{c}\right)$$

$$P\left(\boldsymbol{y}_t\mid\boldsymbol{y}_{t-1},\boldsymbol{c}\right)=g\left(\boldsymbol{h}_t,\boldsymbol{y}_{t-1},\boldsymbol{c}\right)$$

11.2.2　基于 Seq2Seq+Attention 机制聊天机器人的实现

Seq2Seq 是谷歌在 GitHub 上开源的项目，这里使用 TensorFlow 推出的基于 Seq2Seq+Attention 机制聊天机器人。

简单来说，聊天机器人就是一个问答系统，而问答系统本质上就是一个信息检索系统，只是它从文本中获取更多的信息，返回更加精准的答案，模仿人的语言习惯，通过模式匹配的方式来寻找答案。它们的对话库存放着很多句型、模板，对于知道答案的问题，往往回答得比较人性化；而对于不知道答案的问题，则通过猜测、转移话题，或者回答不知道的方式给出答案。

要想实现聊天机器人，需要考虑下面几个问题。

① 怎么让机器人听懂你说的话并想出应该回复什么。以内容为导向的对话，系统中的内容管理模块会在网上爬取信息，然后选取相关内容进行对话。

② 怎样进行开放式的话题，让聊天一直持续下去。在开放式话题上，该机器人的系统需要涵盖很广的内容，并且需要区分领域和话题。要响应用户的需求，同时将内容推荐作为潜在任务来推进对话的进行。

③ 怎样贴合用户爱好，聊相关话题。聊天机器人需要以用户为中心，以内容为导向，构建为对话设计的知识图谱，涵盖多样化、高质量的内容，进行风格多样的对话。

④ 如何让各种用户都满意。聊天机器人需要根据对话的历史、内容的属性选取最优的策略进行对话，了解用户的性格从而更好地进行内容推荐。

聊天机器人的基本实现过程：用户输入数据→聊天机器人分析用户意图→聊天机器人抓取关键参数→聊天机器人匹配最佳回答→聊天机器人输出回答。本小节将给出一个聊天机器人的实验案例，根据用户当前输入的问题自动生成应答，形成一个有效的问答对话系统。

（1）搭建实验环境

搭建实验环境的代码如下。

```
ubuntu 16.04
python 3.6
numpy 1.18.3
matplotlib 3.2.0
scikit-learn 0.22.2
jieba
tensorFlow 1.5.0
tqdm
```

在命令行输入以下命令。

```
piplist
```

查看相应的库是否已经安装，若缺乏某个库，使用pip包管理工具下载即可。例如缺乏jieba、TensorFlow 1.5.0版本、tqdm，在命令行输入以下命令。

```
pip install jieba
pip install TensorFlow==1.5.0
pip install tqdm
```

（2）准备数据

用于聊天机器人训练的语料数据应该是一系列问答对，形式如下。

```
Q：“今天天气怎么样？”
A：“天气预报说今天会下大暴雨的”
```

bucket_dbs是经过分桶处理的一系列问答对。分桶，就是按照Q和A的长度重新进行组织。例如上面的问答对中Q的长度为7，A的长度为13，那么这条语料会被分在“bucket_5_15.db”文件中。语料数据如图11-12所示。

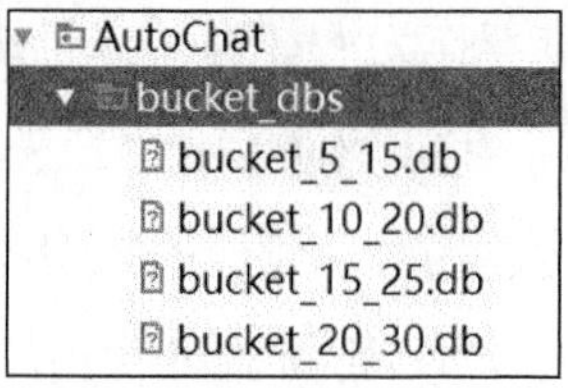

AutoChat
bucket_dbs
bucket_5_15.db
bucket_10_20.db
bucket_15_25.db
bucket_20_30.db

图11-12　语料数据

（3）分析代码结构

代码结构及其功能如下。

① data_utils.py：用于读取并处理数据。

② s2s_model.py：由Seq2Seq模型创建，是模型相关的定义。

③ s2s.py：是程序的主入口。

（4）代码实现

data_utils.py与s2s_model.py的代码较长，我们直接引用源代码，以熟悉代码流程。这里主要进行s2s.py文件的代码解析。

① 导入相关的库，代码如下。

```
#!/usr/bin/env python3
#encoding=utf8
import os
import sys
import math
import time
import numpy as np
import tensorflow as tf
#导入写好的data_utils.py和s2s_model.py文件
import data_utils.py
```

```
import s2s_model.py
```

② 设置训练的数据路径、学习率、批量训练大小等参数，代码如下。

```
#设置学习率（learning_rate）为0.0003
tf.app.flags.DEFINE_float(
    'learning_rate',
    0.0003,
    '学习率'
)
tf.app.flags.DEFINE_float(
    'max_gradient_norm',
    5.0,
    '梯度最大阈值'
)
tf.app.flags.DEFINE_float(
    'dropout',
    1.0,
    '每层输出 DROPOUT 的大小'
)
tf.app.flags.DEFINE_integer(
    'batch_size',
    64,
    '批量梯度下降的批量大小'
)
tf.app.flags.DEFINE_integer(
    'size',
    512,
    'LSTM 神经网络每层神经元数量'
)
tf.app.flags.DEFINE_integer(
    'num_layers',
    2,
    'LSTM 神经网络的层数'
)
tf.app.flags.DEFINE_integer(
    'num_epoch',
    5,
    '训练几轮'
)
```

```
tf.app.flags.DEFINE_integer(
    'num_samples',
    512,
    '分批 Softmax 的样本量'
)
tf.app.flags.DEFINE_integer(
    'num_per_epoch',
    1000,
    '每轮训练多少个随机样本'
)
tf.app.flags.DEFINE_string(
    'buckets_dir',
    './bucket_dbs',
    'sqlite3 数据库所在的文件夹'
)
tf.app.flags.DEFINE_string(
    'model_dir',
    './model',
    '模型保存的目录'
)
tf.app.flags.DEFINE_string(
    'model_name',
    'model3',
    '模型保存的名称'
)
tf.app.flags.DEFINE_boolean(
    'use_fp16',
    False,
    '是否使用 16 位浮点数（默认 32 位）'
)

tf.app.flags.DEFINE_boolean(
    'test',
    False,
    '是否在测试'
)
FLAGS = tf.app.flags.FLAGS
buckets = data_utils.buckets
```

③ 定义建立模型函数，代码如下。

```
def create_model(session, forward_only):
    """建立模型"""
    dtype = tf.float16 if FLAGS.use_fp16 else tf.float32
    #调用 s2s_model 模块的 S2SModel 类构造方法生成 S2SModel 实例对象
    model = s2s_model.S2SModel(
        data_utils.dim,
        data_utils.dim,
        buckets,
        FLAGS.size,
        FLAGS.dropout,
        FLAGS.num_layers,
        FLAGS.max_gradient_norm,
        FLAGS.batch_size,
        FLAGS.learning_rate,
        FLAGS.num_samples,
        forward_only,
    dtype
    )
    return model
```

④ 定义训练模型函数，代码如下。

```
def train():
    """训练模型"""
    #准备数据
    print('准备数据')
    bucket_dbs = data_utils.read_bucket_dbs(FLAGS.buckets_dir)
    bucket_sizes = []
    #计算每个文件数据的条数
    for i in range(len(buckets)):
        bucket_size = bucket_dbs[i].size
        bucket_sizes.append(bucket_size)
        print('bucket {} 中有数据 {} 条'.format(i, bucket_size))
    #计算所有数据条数
    total_size = sum(bucket_sizes)
    print('共有数据 {} 条'.format(total_size))
    #开始建模与训练
    with tf.Session() as sess:
```

```
#构建模型
model = create_model(sess, False)
#初始化变量
sess.run(tf.global_variables_initializer())
buckets_scale = [
    sum(bucket_sizes[:i + 1]) / total_size
    for i in range(len(bucket_sizes))
]
#开始训练
metrics = '  '.join([
    '\r[{}]',
    '{:.1f}%',
    '{}/{}',
    'loss={:.3f}',
    '{}/{}'
])
bars_max = 20
with tf.device('/gpu:0'):
    #设置迭代次数，FLAGS.num_epoch为5，加15，为20
    for epoch_index in range(1, FLAGS.num_epoch +1000):
        print('Epoch {}:'.format(epoch_index))
        #每一轮训练的开始时间
        time_start = time.time()
        epoch_trained = 0
        #损失值列表
        batch_loss = []
        while True:
            #选择一个要训练的桶
            random_number = np.random.random_sample()
            bucket_id = min([
                i for i in range(len(buckets_scale))
                if buckets_scale[i] > random_number
            ])
            data, data_in = model.get_batch_data(
                bucket_dbs,
                bucket_id
            )
            encoder_inputs, decoder_inputs, decoder_weights =
```

```
model. get_batch(
                        bucket_dbs,
                        bucket_id,
                        data
                    )
                    _, step_loss, output = model.step(
                        sess,
                        encoder_inputs,
                        decoder_inputs,
                        decoder_weights
                        bucket_id,
                        False
                    )
                    epoch_trained += FLAGS.batch_size
                    batch_loss.append(step_loss)
                    time_now = time.time()
                    time_spend = time_now - time_start
                    time_estimate = time_spend / (epoch_trained / FLAGS.
num_per_ epoch)
                    percent = min(100, epoch_trained / FLAGS.num_per_epoch) * 100
                    bars = math.floor(percent / 100 * bars_max)
                    sys.stdout.write(metrics.format(
                        '=' * bars + '-' * (bars_max - bars),
                        percent,
                        epoch_trained, FLAGS.num_per_epoch,
                        np.mean(batch_loss),
                        data_utils.time(time_spend),data_utils.time(time_estimate)
                    ))
                    sys.stdout.flush()
                    if epoch_trained >= FLAGS.num_per_epoch
                        break
                print('\n')
                if not os.path.exists(FLAGS.model_dir):
                    os.makedirs(FLAGS.model_dir)
                if epoch_index % 100 == 0:
                    model.saver.save(sess, os.path.join(FLAGS.model_dir,
FLAGS. model_name))
```

⑤ 定义模型测试函数，代码如下。

```
def test():
    class TestBucket(object):
        def __init__(self, sentence):
            self.sentence = sentence
            def random(self):
            return sentence, ''
    with tf.Session() as sess:
        #构建模型
        model = create_model(sess, True)
        model.batch_size = 1
        #初始化变量
        sess.run(tf.global_variables_initializer())
        model.saver.restore(sess, os.path.join(FLAGS.model_dir, FLAGS. model_name))
        sys.stdout.write("> ")
        sys.stdout.flush()
        sentence = sys.stdin.readline()
        while sentence:
            #获取最小的分桶 id
            bucket_id = min([ b for b in range(len(buckets))  if buckets[b][0] >
len(sentence) ])
            #输入并处理句子
            data, _ = model.get_batch_data( {bucket_id: TestBucket(sentence)},
bucket_id )
            encoder_inputs, decoder_inputs, decoder_weights = model.get_batch( {bucket_id:
TestBucket(sentence)}, bucket_id, data )
            _,_,output_logits=model.step(sess,encoder_inputs,decoder_inputs,dec
oder_weights, bucket_id,True)
            outputs = [int(np.argmax(logit, axis=1)) for logit in output_logits]
            ret = data_utils.indice_sentence(outputs)
            print(ret)
            print("> ", end="")
            sys.stdout.flush()
            sentence = sys.stdin.readline()
```

⑥ 定义 main()函数：先训练模型，再测试模型，代码如下。

```
def main(_):
    #当前面的常量 FLAGS.test=True 时，进行模型测试
```

```
    if  FLAGS.test:
        test()
    else:          #当前面的常量 FLAGS.test=False 时，进行模型训练
        train()

if __name__ == '__main__':
    np.random.seed(0)
    tf.set_random_seed(0)
    tf.app.run()
```

运行 s2s.py，得到以下结果。

```
dim:  6865
准备数据
bucket 0 中有数据 506206 条
bucket 1 中有数据 1091400 条
bucket 2 中有数据 726867 条
bucket 3 中有数据 217104 条
共有数据 2541577 条
开启投影：512
Epoch 1:
[====================]  102.4%  1024/1000  loss=6.116  41s/40s

Epoch 2:
[====================]  102.4%  1024/1000  loss=4.283  32s/32s

Epoch 3:
[====================]  102.4%  1024/1000  loss=4.211  36s/35s

Epoch 4:
[====================]  102.4%  1024/1000  loss=4.026  42s/41s

Epoch 5:
[====================]  102.4%  1024/1000  loss=3.920  39s/38s

Epoch 6:
[====================]  102.4%  1024/1000  loss=3.924  49s/48s

Epoch 7:
[====================]  102.4%  1024/1000  loss=3.976  37s/36s
```

```
Epoch 8:
[====================]  102.4%  1024/1000  loss=3.953  41s/40s

Epoch 9:
[====================]  102.4%  1024/1000  loss=3.977  40s/39s

…………………………….

Epoch 1603:
[====================]  102.4%  1024/1000  loss=2.178  33s/32s
Epoch 1604:
[====================]  102.4%  1024/1000  loss=2.174   30s/29s
```

从训练模型过程可以看出损失值在逐步收敛，从运行结果可以看出损失值逐步收敛。

⑦ 运行 test()模型测试函数，代码如下。

```
tf.app.flags.DEFINE_boolean(
'test',
False,
'是否在测试
)
```

将 s2s.py 中“是否在测试”的参数改为“True”即可进行模型测试。

对话框下面会出现“>”符号，输入相应的问题，即可进行问答式聊天，如图 11-13 所示。

```
> 想出去玩
我们不知道，我们要去找你的
> 今天天气怎么样?
我们不知道
> 你好吗
我们要去哪儿
> 今天会下雨吗?
不要
```

图 11-13　聊天机器人测试

11.3 本章小结

本章系统讲解了在自然语言处理中比较流行的深度学习算法——RNN 的概念及其应用，涉及简单 RNN、LSTM 神经网络、Attention 机制，并介绍了基于 Seq2Seq+Attention 机制聊天机器人的实现流程。